水利工程建设监理培训教材

水利工程建设质量控制（第二版）

中国水利工程协会　组织编写

中国水利水电出版社
www.waterpub.com.cn

内 容 提 要

本书是水利工程建设监理培训教材之一。本书共九章，主要内容包括：建设工程质量控制概述、工程勘察设计和施工招标阶段质量控制、工程施工阶段质量控制、工程质量评定、验收和保修期质量控制、工程质量检验、水利工程质量事故的分析处理、工程质量控制的统计分析方法、工程施工安全控制及质量管理体系简介。

本书既可作为水利工程建设监理人员和其他有关部门技术管理人员的培训教材，也可作为大专院校相关专业师生的参考用书。

图书在版编目（CIP）数据

水利工程建设质量控制/中国水利工程协会组织编写.—2版.—北京：中国水利水电出版社，2010.11（2013.7重印）
水利工程建设监理培训教材
ISBN 978-7-5084-8097-8

Ⅰ.①水… Ⅱ.①中… Ⅲ.①水利工程-工程质量-质量控制-技术培训-教材 Ⅳ.①TV512

中国版本图书馆CIP数据核字（2010）第224427号

书　名	水利工程建设监理培训教材 **水利工程建设质量控制**（第二版）
作　者	中国水利工程协会　组织编写
出版发行	中国水利水电出版社 （北京市海淀区玉渊潭南路1号D座　100038） 网址：www.waterpub.com.cn E-mail：sales@waterpub.com.cn 电话：（010）68367658（发行部）
经　售	北京科水图书销售中心（零售） 电话：（010）88383994、63202643、68545874 全国各地新华书店和相关出版物销售网点
排　版	中国水利水电出版社微机排版中心
印　刷	北京纪元彩艺印刷有限公司
规　格	184mm×260mm　16开本　11.5印张　266千字
版　次	2007年7月第1版　2007年7月第1次印刷 2010年11月第2版　2013年7月第16次印刷
印　数	50201—53200册
定　价	**36.00**元

水利工程建设监理培训教材

编审委员会

主　　任　张严明

副 主 任　安中仁　李文义　聂相田

委　　员　（按姓氏笔画排序）

王　鹏　刘英杰　刘秋常　刘喜峰　安中仁

杨耀红　李文义　汪伦焰　张严明　季祥山

赵慧珍　聂相田　曹兴霖　翟伟锋　颜廷松

颜　彦

秘　　书　颜　彦

序

（第二版）

为配合水利部转变行政职能，自 2005 年以来，中国水利工程协会开始对水利工程建设监理人员资格施行行业自律管理。五年多来，水利工程建设监理行业人员在新的管理模式下得到了长足的发展。目前，在我国加快经济发展方式转变、水利建设进入新一轮高峰期的背景下，水利工程建设项目点多、面广、量大，建设任务艰巨，水利工程建设监理队伍又面临着新的挑战。随着水利工程建设监理队伍和规模不断壮大，如何提高工程建设监理人员专业技术水平、规范建设监理行为，是深化落实科学发展观、严格执行水利工程建设“三项制度”、保障工程建设质量和安全的一项重要而紧迫的任务。

根据水利工程建设监理行业的实际需要，中国水利工程协会于 2007 年 5 月组织行业内有关专家编写了水利工程建设监理培训教材，在监理业务培训中得到了广泛的应用，并取得了良好的效果。随着我国水利工程建设法律、法规和行业规章的不断完善，该教材有些内容已不再适应新形势的需要，据此，中国水利工程协会于 2010 年 6 月组织相关作者对本套教材进行了修订。在修订过程中，尽量保持原教材的结构形式以及章节原貌，主要结合现行的法律、法规、规章、技术标准和水利水电工程标准施工招标方面的文件等，并根据本套教材在使用中发现的问题作了有针对性的修改。

相信修订后的水利工程建设监理培训教材更适用于水利行业工程建设监理的专业培训，也可作为从事水利工程建设管理有关人员、水利工程建设参建单位技术人员的业务参考书。

中国水利工程协会

2010 年 10 月 28 日

序

（第一版）

建设监理制度推行20多年来，在水利工程建设中发挥了重要作用，取得了显著成绩。工程建设监理事业已引起全社会的广泛关注和重视，赢得了各级政府领导的普遍认可和支持。目前，我国已形成了水利工程建设监理的行业规模，建立了比较完善的水利工程建设监理制度和法规体系，培养了一批水平较高的监理人才，积累了丰富的水利工程建设监理经验。实践证明，水利工程实行建设监理制度完全符合我国市场经济发展的要求。

为了规范水利工程建设监理活动，加强水利工程建设监理单位的资质管理和水利工程建设监理工程师管理，水利部于2006年11月颁发了《水利工程建设监理规定》、《水利工程建设监理单位资质管理办法》、《水利工程建设监理工程师注册管理办法》。随着我国市场经济的发展和完善，对水利工程建设监理行业提出了更高的要求，监理行业必须适应这种新形势的要求，大力增强自身实力，提高自身素质，在水利工程建设中发挥重要作用。

随着我国政府职能的转变，中国水利工程协会按水利部要求对水利工程建设监理人员实施行业自律管理。因此，为了提高水利工程建设监理人员整体素质和建设监理水平，中国水利工程协会组织有关专家编写了一套水利工程建设监理培训教材，作为举办水利工程建设监理培训班的指定教材，也可以作为从事水利工程建设管理有关人员、项目法人（建设单位）、施工单位及各级水行政主管部门有关人员的业务参考书。本套教材也是全国水利工程建设监理工程师执业资格考试的主要参考书。

本套教材包括《水利工程建设监理概论》、《水利工程建设合同管理》、《水利工程建设质量控制》、《水利工程建设进度控制》和《水利工程建设投资控制》，共5册。

本套教材依据我国现行的法律法规、部门规章和中国水利工程协会行规，结合水利工程建设监理的业务特点，系统地阐述了水利工程建设监理的理论、内容和方法，以及从事水利工程建设监理业务所必需的基础知识。

编写本套教材时，虽经反复斟酌，仍难免有一些不妥之处，恳请广大读者批评指正。

中国水利工程协会

2007年5月28日

前　言

（第二版）

建设监理制是水利工程建设管理体制改革的一项重大举措。水利工程建设监理经过近30年的实践，正在向规范化、制度化、科学化方向深入发展。面对水利工程建设项目的特殊性、复杂性以及对社会、经济影响的重要性，对从事工程建设监理人员的素质提出了更高的要求。因此，对所有从事水利工程建设监理工作的技术、经济、管理等人员进行系统的法律法规、监理理论和实践能力的培训，是一项重要的工作。

2007年5月，中国水利工程协会组织编写了本套教材的第一版。本套教材共5个分册，出版后被广泛用于全国水利工程建设监理人员的岗位培训中，培训效果较好。同时，许多专业院校也很重视水利工程建设监理方面的教育，选用本套教材作为相关的专业教材，以提高学生的实际工作能力。经过这几年的教学实践，很有成效。随着水利工程监理工作的深入和完善，随着相关的国家法律、法规和政策的修订和健全，为了进一步提高水利工程监理方面的教学质量，及时完善充实相关的教学内容，中国水利工程协会于2010年初开始，再次组织相关作者和专家对本套教材进行修订。

本书是全国水利工程建设监理培训教材之一。本次修订时本书共九章。在编写上，主要依据国家有关工程建设质量、安全的法律法规，以及水利工程质量管理、竣工验收、安全管理、质量评定等有关规定和规程，并充分考虑水利工程建设监理的特点，力求从实用性和可操作性的角度，以国家现行的法律、法规和行业规章、质量管理相关理论为基础，并结合水利部颁发的《水利水电工程标准施工招标文件》（2009年版），着重阐述工程质量控制的内容、程序、方法及手段，施工安全生产控制与水利工程质量事故处理，水利工程质量评定和验收等。

本书由刘英杰、汪伦焰主编。刘英杰编写了第一章、第二章、第五章～第七章，汪伦焰编写了第三章、第四章，刘喜峰编写了第八章、第九章。全书由张严明主审。

本书编写中引用了参考文献的某些内容，在此谨向所列参考文献的专家和作者表示衷心的感谢。

限于编者的水平和经验有限，书中难免有缺点和不妥之处，敬请读者批评指正。

编　者

2010年9月30日

前　言

（第一版）

工程质量是决定项目建设的根本，不仅关系到工程的适用性和建设项目的投资效果，而且关系到人民群众生命财产安全。实行建设监理制，监理工程师的主要任务之一就是对工程建设质量进行有效管理和控制。

本书作为水利工程建设监理培训的主要教材，在编写中充分考虑全国监理工程师培训和执业资格考试的特点，力求从实用性和可操作性的角度，以法律、政策法规、质量管理相关理论为基础，着重阐述质量控制的内容、程序、方法和手段。本书除作为全国水利工程监理员培训教材和水利监理工程师执业资格考试主要参考书之外，还可作为建设监理单位、建设单位、勘察设计单位、施工单位和政府各级建设管理部门有关人员工作及大专院校水利工程类专业学生学习的参考用书。

本书共分九章，由汪伦焰、刘英杰主编。刘英杰编写了第一章、第二章、第五章、第六章和第七章，刘喜峰编写了第八章和第九章，汪伦焰编写了第三章和第四章。全书由张严明主审。

在此，谨向书后所列参考文献的专家表示衷心的感谢。

限于编者的水平和经验有限，书中难免有缺点和不妥之处，敬请读者批评指正。

编　者

2007年5月28日

目　录

第一章　建设工程质量控制概述

“百年大计，质量第一”是人们对建设工程项目质量重要性的高度概括。质量水平的高低是一个国家经济、科技、教育和管理水平的综合反映，并已成为影响国民经济和对外贸易发展的重要因素之一。目前，我国产品质量、工程质量、服务质量总体水平还不能满足人民生活水平日益提高和社会不断发展的需要，与经济发达国家相比仍有较大差距。为提高我国产品质量、工程质量和服务质量的总体水平，指导质量工作，1996 年国务院颁布了《质量振兴纲要（1996—2010 年）》。

水利工程的质量对国民经济起着重要的作用。如水电站、大坝、堤防、水库等发生质量问题，对国家和人民将造成不可估量的损失。1997 年，水利部为了加强对水利工程的质量管理，保证工程质量，颁布了《水利工程质量管理规定》（1997 年水利部令第 7 号）。

建设项目质量是决定建设项目成败的关键，也是进行建设监理三大控制目标（投资、质量、进度）重点之一。建设项目的投资控制和进度控制必须以一定的质量水平为前提，确保建设项目能全面满足各项要求。为此，国务院 2000 年颁布了《建设工程质量管理条例》（2000 年中华人民共和国国务院令第 279 号）。

第一节　基　本　概　念

一、质量和建设工程质量

（一）质量

ISO 9000—2008 系列标准中质量的定义是：一组固有特性满足要求的程度。

（1）上述质量不仅指产品质量，也可以是某项活动或过程的质量，也可以是质量管理体系的质量。

（2）“特性”是指可区分的特征。特性可以是固有的或赋予的，也可以是定量的或定性的。“固有的”就是指在某事或某物中本来就有的，尤其是那种永久的特性。这里的质量特性就是指固有的特性，而不是赋予的特性（如某一产品的价格）。质量特性作为评价、检验和考核的依据，包括性能、适用性、可信性（可用性、可靠性、维修性）、安全性、环境、经济性和美学性。

（3）“要求”是指明示的、通常隐含的或必须履行的需求或期望。

明示的：是指规定的要求，如在合同、规范、标准等文件中阐明的或顾客明确提出的要求。

通常隐含的：是指组织、顾客和其他相关方的惯例和一般做法，所考虑的需求或期望是不言而喻的。一般情况下，顾客或相关文件（如标准）中不会对这类要求给出明确的规定，供方应根据自身产品的用途和特性加以识别。

必须履行的：是指法律、法规要求的或有强制性标准要求的。组织在产品实现过程中必须执行这类标准。

要求是随环境变化的，在合同环境和法规环境下，要求是规定的；而在其他环境（非合同环境）下，要求则应加以识别和确定，也就是要通过调查了解和分析判断来确定。要求可由不同的相关方提出，不同的相关方对同一产品的要求可能是不同的。也就是说对质量的要求除考虑要满足顾客的需要外，还要考虑其他相关方即组织自身利益、提供原材料和零部件的供方的利益和社会的利益等。

质量的差、好或者是优秀是由产品固有特性满足要求的程度来反映的。

（4）质量具有时效性和相对性。

质量的时效性：由于组织的顾客和其他相关方对组织的产品、过程和体系的需求和期望是不断变化的。因此组织应定期评定质量要求、修订规范标准，不断开发新产品、改进老产品，以满足已变化的质量需求。

质量的相对性：组织的顾客和其他相关方可能对同一产品的功能提出不同要求，需求不同，质量要求也不同。在不同时期和不同地区，要求也是不一样的。只有满足要求的产品，才会被认为是好的产品。

（二）建设工程质量

建设项目质量通常有狭义和广义之分。从狭义上讲，建设项目质量通常指工程产品质量，而从广义上讲，则应包括工程产品质量和工作质量两个方面。

1．工程产品质量

建设工程的质量特性主要表现在以下几个方面。

（1）性能。即功能，是指工程满足使用目的的各种性能。包括：机械性能（如强度、弹性、硬度等），理化性能（尺寸、规格、耐酸碱、耐腐蚀），结构性能（大坝强度、稳定性），使用性能（大坝要能防洪、发电等）。

（2）时间性。工程产品的时间性是指工程产品在规定的使用条件下，能正常发挥规定功能的工作总时间，即服役年限。如水库大坝能正常发挥挡水、防洪等功能的工作年限。一般来说，水库大坝由于筑坝材料（如混凝土）的老化，水库的淤积和其他自然力的作用，它能正常发挥规定功能的工作时间是有一定限制的。机械设备（如水轮机等），也可能由于达到疲劳状态或机械磨损、腐蚀等原因而限制其寿命。

（3）可靠性。可靠性是指工程在规定的时间内和规定的条件下，完成规定的功能能力的大小和程度。符合设计质量要求的工程，不仅要求在竣工验收时要达到规定的标准，而且在一定的时间内要保持应有的正常功能。

（4）经济性。工程产品的经济性表现为工程产品的造价或投资、生产能力或效益及其生产使用过程中的能耗、材料消耗和维修费用的高低等。对水利工程而言，就应首先从精心的规划工作开始，在详细研究各种资料的基础上，作出合理的、切合实际的可行性研究报告，并据此提出设计任务书，然后采用新技术、新材料、新工艺，做到优化设计，并精心组织施工，节省投资，以创造优质工程。在工程投入运行后，应加强工程管理，提高生产能力，降低运行、维修费用，提高经济效益。所谓工程产品的经济性，应体现在工程建设的全过程。

（5）安全性。工程产品的安全性是指工程产品在使用和维修过程中的安全程度。如水库大坝在规范规定的荷载条件下应能满足强度和稳定的要求，并有足够的安全系数。在工程施工和运行过程中，应能保证人身和财产免遭危害，大坝应有足够的抗地震能力、防火等级，以及机械设备安装运转后的操作安全保障能力等。

（6）适应性与环境的协调性。工程的适应性表现为工程产品适应外界环境变化的能力。如在我国南方建造大坝时应考虑到水头变化较大，而北方要考虑温差较大。除此之外，工程还要与其周围生态环境协调，以适应可持续发展的要求。

2. 工作质量

工作质量是指参与工程项目建设的各方，为了保证工程项目质量所做的组织管理工作和生产全过程各项工作的水平和完善程度。工作质量包括：社会工作质量，如社会调查、市场预测、质量回访和保修服务等；生产过程工作质量，如政治工作质量、管理工作成量、技术工作质量、后勤工作质量等。工程项目质量是多单位、各环节工作质量的综合反映，而工程产品质量又取决于施工操作和管理活动各方面的工作质量。因此，保证工作质量是确保工程项目质量的基础。

二、质量控制和工程质量控制

（一）质量控制

ISO 9000—2008 系列标准中质量控制的定义是：质量管理的一部分，致力于满足质量要求。

质量控制的目标就是确保产品的质量能满足顾客、法律法规等方面所提出的质量要求。质量控制的范围涉及产品质量形成全过程的各个环节。任何一个环节的工作没做好，都会使产品质量受到损害，从而不能满足质量的要求。因此，质量控制是通过采取一系列的作业技术和活动对各个过程实施控制的。

质量控制可从以下几个方面进行理解。

（1）质量控制的对象是过程，结果是能使被控制对象达到规定的质量要求。

（2）作业技术是指专业技术和管理技术结合在一起，作为控制手段和方法总称。

（3）质量控制应贯穿于质量形成的全过程（即质量环的所有环节）。

（4）质量控制的目的在于以预防为主，通过采取预防措施来排除质量环各个阶段产生问题的原因，以获得期望的经济效益。

（5）质量控制的具体实施主要是影响产品质量的各环节、各因素制订相应的计划和程序，对发现的问题和不合格情况进行及时处理，并采取有效的纠正措施。

质量控制的工作内容包括了作业技术和活动。这些活动包括以下内容。

（1）确定控制对象。如一道工序、设计过程、制造过程等。

（2）规定控制标准。即详细说明控制对象应达到的质量要求。

(3) 制定具体的控制方法。如工艺规程。

(4) 明确所采用的检验方法。包括检验手段。

(5) 实际进行检验。

(6) 说明实际与标准之间有差异的原因。

(7) 为解决差异而采取的行动。

质量控制具有动态性，因为质量要求随着时间的进展而在不断变化，为了满足不断更新的质量要求，对质量控制进行持续改进。

(二) 工程质量控制

工程质量控制是致力于满足工程质量要求，也就是为了保证工程质量满足工程合同规范标准所采取的一系列措施、方法和手段。工程质量要求主要包括工程合同、设计文件、技术标准规范的质量标准。

按控制主体的不同，主要包括以下四个方面。

1. 政府的工程质量控制

它主要以抽查为主的方式，运用法律和行政手段，通过复核有关单位资质、检查技术规程、规范和质量标准的执行情况、工程质量不定期的检查、工程质量评定和验收等重要环节实现其目的。

2. 工程监理单位的质量控制

工程建设监理的质量控制，是指监理单位受发包人委托，按照合同规定的质量标准对工程项目质量进行的控制。

监理单位的质量控制体系主要依据国家的有关法律，技术规范、合同文件、设计图纸，对承包单位在设计施工全过程进行检查认证，及时发现其中的问题，分析原因，采取正确的措施加以纠正，防患于未然。

监理单位对质量的检查认证有一套完整的、严密的组织机构、工作程序和方法，构成了建设项目的质量控制体系，成为我国工程建设管理体系中不可缺少的另一层次的组成部分，并对强化质量管理发挥了越来越重要的作用。

但是，监理单位的质量控制并不能代表承包人内部的质量保证体系，它只能通过执行承包合同，运用质量认证权和否决权，对承包人进行检查和管理，并促使承包人建立健全质量保证体系，从而保证工程质量。

3. 勘测设计单位的质量控制

它是以法律、法规以及设计合同为依据，对勘测设计的整个过程进行控制，包括工程进度、费用、方案以及设计成果的控制，以满足合同的要求。

4. 施工单位的质量控制

它是以工程承包合同、设计图纸和技术规范为依据，对施工准备、施工阶段、工程设备和材料、工程验收阶段以及保修期全过程进行的工程质量控制，以达到合同的要求。

三、质量保证和质量保证体系

(一) 质量保证

ISO 9000—2008 系列标准中质量保证的定义是：质量管理的一部分，致力于提供质量要求会得到满足的信任。

质量保证的内涵不是单纯地为了保证质量，保证质量是质量控制的任务，而质量保证是以保证质量为基础，进一步引申到提供信任这一基本目的，而信任是通过提供证据来达到的。质量控制和质量保证的某些活动是互相关联的，只有质量要求全面反映用户的要求，质量保证才能提供足够的信任。

证实具有质量保证能力的方法通常有：供方合格声明、提供形成文件的基本证据、提供其他顾客的认定证据、顾客亲自审核、由第三方进行审核、提供经国家认可的认证机构出具的认证证据。

根据目的的不同可将质量保证分为外部质量保证和内部质量保证。外部质量保证指在合同或其他情况下，向顾客或其他方提供足够的证据，表明产品、过程或体系满足质量要求，取得顾客和其他方的信任，让他们对质量放心。内部质量保证指的是在一个组织内部向管理者提供证据，以表明产品、过程或体系满足质量要求，取得管理者的信任，让管理者对质量放心。内部质量保证是组织领导的一种管理手段，外部质量保证才是其目的。

在工程建设中，质量保证的途径包括以下三种。

(1) 以检验为手段的质量保证。以检验为手段的质量保证，实质上是对工程质量效果是否合格作出评价，并不能通过它对工程质量加以控制。因此，它不能从根本上保证工程质量，只不过是质量保证工作的内容之一。

(2) 以工序管理为手段的质量保证。以工序管理为手段的质量保证，是通过对工序能力的研究，充分管理设计、施工工序，使之处于严格的之中，以此来保证最终的质量效果。但这种手段仅对设计、施工工序进行控制，并没有对规划和使用等阶段实行有关的质量控制。

(3) 以开发新技术、新工艺、新材料、新工程产品为手段的质量保证。以开发新技术、新工艺、新材料、新工程产品为手段的质量保证，是对工程从规划、设计、施工到使用的全过程实行的全面质量保证。这种质量保证，克服了前两种质量保证手段的不足，可以从根本上确保工程质量。这是目前最高级的质量保证手段。

(二) 设计/施工单位的质量保证体系

质量保证体系是以保证和提高工程质量为目标，运用系统的概念和方法，把企业各部门、各环节的质量管理职能和活动合理组织起来，形成一个明确任务、职责、权限，而又互相协调、互相促进的管理网络和有机整体，使质量管理制度化、标准化，从而建造出用户满意的工程，形成一个有机的质量保证体系。

在工程项目实施过程中，质量保证是指企业对用户在工程质量方面作出的担保和保证(承诺)。在承包人组织内部，质量保证是一种管理手段。在合同环境中，质量保证还被承包人用以向发包人提供信任。无论如何，质量保证能都是承包人的行为。

设计/施工承包人的质量保证体系，是我国工程管理体系中最基础的部分，对于确保工程质量是至关重要的。只有使质量保证体系正常实施和运行，才能使建设单位、设计施工承包人在风险、成本及利润三个方面达到最佳状态。

1. 质量保证体系主要内容

（1）有明确的质量方针、质量目标和质量计划。

（2）建立严格的质量责任制。

（3）设立专职质量管理机构和质量管理人员。

（4）实行质量管理业务标准化和管理流程程序化。

2. 质量保证体系的组成

质量保证体系一般由以下子体系组成。

（1）思想保证子体系。要求参与项目实施和管理的全体人员树立“质量第一、用户第一”及“下道工序是用户”、“服务对象是用户”的观点，并掌握全面质量管理的基本思想、基本观点和基本方法。这是建立质量保证体系的前提和基础。

（2）组织保证子体系。组织保证子体系是指工程建设中质量管理的组织系统与工程产品形成过程中有关的组织机构体系，工程质量是各项管理的综合反映，也是管理水平的具体体现。必须建立健全各级组织，分工负责，做到以预防为主，预防与检查相结合，形成一个有明确任务、职责、权限、互相协调和互相促进的有机整体。

（3）工作保证子体系。指参与工程建设规划、设计、施工和管理的各部门、各环节、各个质量形成过程的工作质量保证子体系的综合。以工程产品形成的过程划分，主要包括：勘测设计过程质量保证子体系、施工过程质量保证子体系、辅助生产过程质量保证子体系和使用过程质量保证子体系等。

建设项目的质量保证体系如图 1-1 所示。

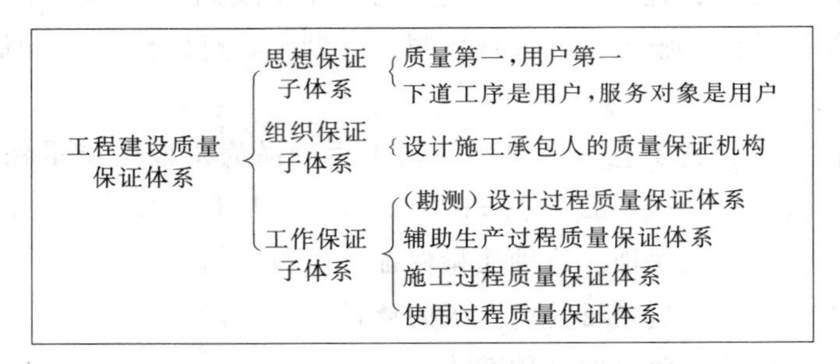

图 1-1　建设项目质量保证体系

在图 1-1 中，设计和施工两个过程的质量保证子体系是工作保证子体系的重要组成部分，因为设计和施工这两个过程，直接影响到工程质量的形成，而这两个过程中施工现场的质量保证子体系，又是其核心和基础，是构成工作保证子体系的一个重要子体系。它一般由工序管理和质量检验两个方面组成。

四、质量管理

ISO 9000—2008 系列标准中质量管理的定义是：在质量方面指挥和控制组织的协调的活动。在质量方面的指挥和控制活动，通常包括制定质量方针和质量目标以及质量策划、质量控制、质量保证和质量改进。

由定义可知，质量管理是一个组织全部管理职能的一个组成部分，其职能是质量方针、质量目标和质量职责的制定与实施。质量管理是有计划、有系统的活动，为实施质量管理需要建立质量体系，而质量体系又要通过质量策划、质量控制、质量保证和质量改进等活动发挥其职能，可以说，这四项活动是质量管理工作的四大支柱。

质量体系是指为实施质量管理所需的组织机构、程序过程和资源，在这三个组成部分中，任一组成部分的缺失或不完善都会影响质量管理活动的顺利实施和质量管理目标的实现。质量管理的目标是组织总目标的重要内容，质量目标和责任应按级分解落实，各级管理者对目标的实现负有责任。

质量管理职责是各级管理者的职责，但必须由最高管理者领导、全员参与并承担相应的义务和责任。因此，一个组织要搞好质量管理，应加强最高管理者的领导作用，落实各级管理者职责，并加强教育、激励全体职工积极参与。

五、全面质量管理

全面质量管理是指一个组织以质量为中心，以全员参与为基础，目的在于通过顾客满意和本组织所有成员及社会受益而达到长期成功的管理途径。

全面质量管理（Total Quality Management，简称为 TQM），最早起源于美国，在20 世纪 60 年代日本推行全面质量管理又有新的发展，并引起了世界各国的瞩目。全面质量管理的基本核心是提高人的素质，增强质量意识，调动人的积极性，人人做好本职工作，通过抓好工作质量来保证和提高产品质量或服务质量。

全面质量管理是一种现代的质量管理。它重视人的因素，强调全员参加、全过程控制、全企业实施的质量管理。首先，它是一种现代管理思想，从顾客需要出发，树立明确而又可行的质量目标；其次，它要求形成一个有利于产品质量实施系统管理的质量体系；最后，它要求把一切能够促进提高产品质量的现代管理技术和管理方法，都运用到质量管理中来。

（一）全面质量管理的基本方法

全面质量管理的特点，集中表现在“全面质量管理、全过程质量管理、全员质量管理”三个方面。美国质量管理专家戴明（W. E. Deming）把全面质量管理的基本方法概括为四个阶段、八个步骤，简称 PDCA 循环，又称“戴明环”。

（1）计划阶段。又称 P（Plan）阶段，主要是在调查问题的基础上制定计划。计划的内容包括确立目标、活动等，以及制定完成任务的具体方法。这个阶段包括八个步骤中的前四个步骤：查找问题、进行排列、分析问题产生的原因、制定对策和措施。

（2）实施阶段。又称 D（Do）阶段，就是按照制定的计划和措施去实施，即执行计划。这个阶段是八个步骤中的第五个步骤，即执行措施。

（3）检查阶段。又称 C（Check）阶段，就是检查生产（如设计或施工）是否按计划执行，其效果如何。这个阶段是八个步骤中的第六个步骤，即检查采取措施后的效果。

（4）处理阶段。又称 A（Action）阶段，就是总结经验和清理遗留问题。这个阶段包括八个步骤中的最后两个步骤：建立巩固措施，即把检查结果中成功的做法和经验加以标准化、制度化，并使之巩固下来；提出尚未解决的问题，转入到下一个循环。

在 PDCA 循环中，处理阶段是一个循环的关键。PDCA 的循环过程是一个不断解决问题，不断提高质量的过程，如图 1-2 所示。同时，在各级质量管理中都有一个 PDCA 循环，形成一个大环套小环，一环扣一环，互相制约，互为补充的有机整体，如图 1-3 所示。在 PDCA 循环中，一般来说，上一级的循环是下一级循环的依据，下一级的循环是上一级循环的落实和具体化。

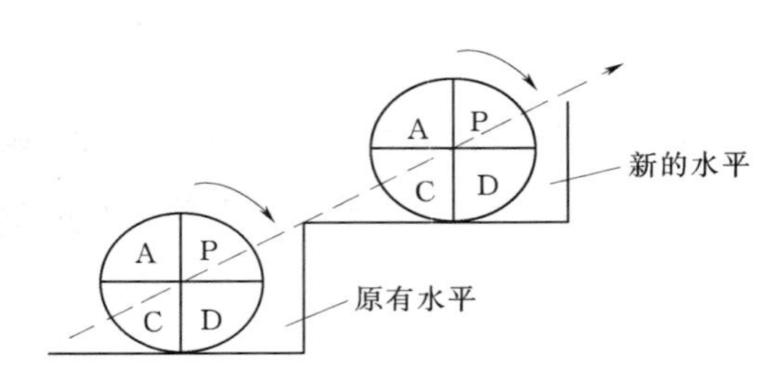

图 1-2　PDCA 循环中提高过程示意图

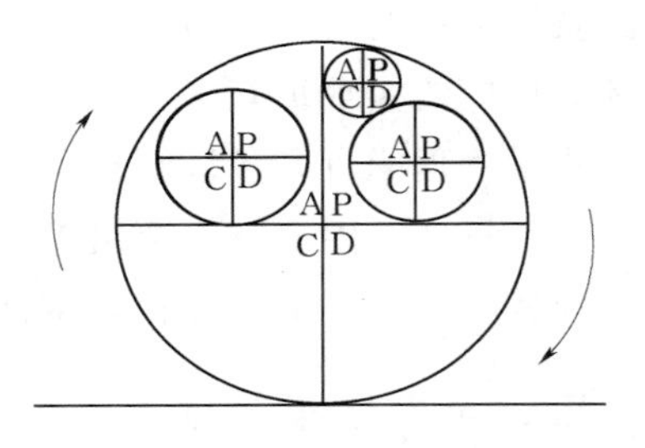

图 1-3　PDCA 循环过程示意图

（二）全面质量管理的基本观点

1. 质量第一的观点

“质量第一”是推行全面质量管理的思想基础。工程质量的好坏，不仅关系到国民经济的发展及人民生命财产的安全，而且直接关系到企事业单位的信誉、经济效益、生存和发展。因此，在工程项目的建设全过程中，所有人员都必须牢固树立“质量第一”的观点。

2. 用户至上的观点

“用户至上”是全面质量管理的精髓。工程项目用户至上的观点，包括两个含义：①直接或间接使用工程的单位或个人；②在企事业内部，生产（设计、施工）过程中下一道工序为上一道工序的用户。

3. 预防为主的观点

工程质量的好坏是设计、建筑出来的，而不是检验出来的。检验只能确定工程质量是否符合标准要求，但不能从根本上决定工程质量的高低。全面质量管理必须强调从事检验把关变为工序控制，从管质量结果变为管质量因素，防检结合，预防为主，防患于未然。

4. 用数据说话的观点

工程技术数据是实行科学管理的依据，没有数据或数据不准确，质量则无法进行评价。全面质量管理就是以数理统计方法为基本手段，依靠实际数据资料，作出正确判断，进而采取正确措施，进行质量管理。

5. 全面管理的观点

全面质量管理突出一个“全”字，要求实行全员、全过程、全企业的管理。因为工程质量好坏，涉及施工企业的每个部门、每个环节和每个职工。各项管理既相互联系，又相互作用，只有共同努力、齐心管理，才能全面保证工程项目的质量。

6. 一切按 PDCA 循环进行的观点

坚持按照计划、实施、检查、处理的循环过程办事，是进一步提高工程质量的基础。

经过一次循环对事物内在的客观规律就有进一步的认识，从而制定出新的质量计划与措施，使全面质量管理工作及工程质量不断提高。

第二节　建设工程质量的形成过程及特点

一、工程形成各阶段对质量的影响

要实现对工程项目质量的控制，就必须严格执行工程建设程序，对工程建设过程中各个阶段的质量严格控制。工程项目具有周期长等特点，质量不是朝夕之间形成的。工程建设各阶段紧密衔接，互相制约影响，所以工程建设的每阶段均对工程质量形成产生十分重要的影响。水利工程建设项目应按照《水利工程建设程序管理暂行规定》（水利部水建〔1998〕16 号文）实施。

（一）项目建议书阶段对工程质量影响

项目建议书应根据国民经济和社会发展长远规划、流域综合规划、区域综合规划、专业规划，按照国家产业政策和国家有关投资建设方针进行编制，是对拟进行建设项目的初步说明。

项目建议书应按国家现行规定权限向主管部门申报审批。按照《水利水电工程项目建议书编制暂行规定》（水利部水规计〔1996〕608 号），一般由政府委托有相应资格的设计单位承担编制。

项目建议书是整个项目建设过程中最初阶段的工作，它提出了对整个拟建项目的总体构想，同时项目建议书也是进行后续可行性研究和编制设计任务书的依据。项目建议书一般包括以下内容。

（1）项目建设的必要性和任务。论述项目建设的迫切性和必要性，根据推荐最优方案，提出项目的开发目标和任务的主次顺序，分别拟定近期和远期的开发目标与任务。

（2）建设条件和建设规模。根据对水文、地质条件的分析，初步确定项目建设规模。

（3）主要建筑物布置。根据所确定的项目建设规模，确定工程的等别、选址、主要建筑物尺寸、主要工程量等。

（4）施工条件和移民安置分析。对施工条件、移民补偿、移民安置进行分析。

（5）投资估算和资金筹措。对编制投资估算，提出资金筹措方式设想。

（6）综合评价。包括财务评价和国民经济评价。综合评价应对项目在经济上是否合理、可行提出明确的结论，为项目决策提供科学依据，并提出在可行性研究阶段应重点研究的问题。

（二）项目可行性研究对工程项目质量的影响

工程项目的可行性研究应该以批准的项目建议书和委托书为依据，对拟建项目的技术路线、工艺过程、工程条件和效益进行调查研究，对不同的建设方案进行比较，最终提出合理的建设方案，是前期工作的中心环节，是投资决策和编制、审批设计任务书的依据。其目的是通过对拟建项目进行全面分析及多方面比较，论证该项目是否必须（适合）建设、技术上是否可靠、经济上是否合理。

可行性研究的具体任务包括项目建设的必要性研究、技术路线可行性研究、工程条件的研究、项目实施计划研究、资金使用计划和成本核算的研究、人员培训计划研究和效益评价研究等内容。

可行性研究的工作成果是提出一份可行性研究报告，该报告被批准后就可以作为编制设计任务书和进行初步设计的依据。水利工程建设项目的可行性研究报告应按照《水利水电工程可行性研究报告编制规程》(电力部、水利部〔1993〕112号）编制。

(三）设计阶段对工程项目质量的影响

初步设计是对设计方案的继续和深化，在初步设计中需要明确工程规模、建设目的、设计原则和标准，提出设计文件中存在的问题和注意事项等。初步设计的深度要能够控制工程投资、满足编制施工图设计要求，主要设备和材料表能够满足订货要求及相关工程招标的要求。因此，可以说，初步设计是对项目各项技术经济指标进行全面规划的重要环节。初步设计一般包括设计说明书、主要工程量、主要设备和材料表、工程概算书及完整的初步设计阶段图纸等内容。

施工图设计是在扩大初步设计批准后进行，施工图设计的任务是根据扩大初步设计审批意见，解决初步设计阶段待定的各项问题，作为施工单位编制施工组织设计、编制施工预算和进行施工的依据。施工图设计文件组成和初步设计文件基本相同，是对初步设计文件的深化和补充。

工程项目设计阶段是根据已确定的质量目标和水平，通过工程设计使其具体化。设计在技术上是否可行、工艺是否先进、经济是否合理、设备是否配套、结构是否安全可靠等，都将决定着工程项目建成后的使用价值和功能。因此，设计阶段是影响工程项目质量的决定性环节。国务院2000年颁布的《建设工程质量管理条例》(2000年中华人民共和国国务院令第279号）确立了施工图纸设计文件的审批制度，就是为了强化设计质量的监督管理。

(四）施工阶段对工程项目质量的影响

工程项目施工阶段是根据设计文件和图纸的要求，通过施工形成工程实体。施工阶段直接影响工程的最终质量。因此，施工阶段是工程质量控制的关键环节。

(五）工程验收阶段对工程项目质量的影响

工程项目验收阶段，就是对项目施工阶段的质量进行试车运转、检查评定，考核质量目标是否符合设计阶段的质量要求。这一阶段是工程建设向生产转移的必要环节，影响工程能否最终形成生产能力，体现了工程质量水平的最终结果。因此，工程验收阶段是工程质量控制的最后一个重要环节。

综上所述，工程项目质量的形成是一个系统的过程，即工程质量是可行性研究、工程设计、工程施工和竣工验收各阶段质量的综合反映。只有有效地控制各阶段的质量，才能确保工程项目质量目标的最终实现。

二、工程项目质量特点

工程项目建设由于涉及面广，是一个极其复杂的综合过程，特别是大型工程，具有建设周期长、影响因素多、施工复杂等特点，使得工程项目的质量不同于一般工业产品的质量，主要表现在以下几个方面。

（一）形成过程的复杂性

一般工业产品质量从设计、开发、生产、安装到服务各阶段，通常由一个企业来完成，质量易于控制。而工程产品质量由咨询单位、设计承包人、施工承包人、材料供应商等来完成，故质量形成过程比较复杂。

（二）影响因素多

工程项目质量的影响因素多，诸如决策、设计、材料、机械、施工工序、操作方法、技术措施、管理制度及自然条件等，都直接或间接地影响到工程项目的质量。

（三）波动性大

因为工程建设不像工业产品生产，有固定的生产流水线，有规范化的生产工艺和完善的检测技术，有成套的生产设备和稳定的生产环境，工程项目本身的复杂性、多样性和单件性，决定了其质量的波动性大。

（四）质量隐蔽性

工程项目在施工过程中，由于工序交接多，中间产品多，隐蔽工程多，若不及时检查并发现其存在的质量问题，很容易产生第二类判断错误，即：将不合格的产品误认为是合格的产品。

（五）终检的局限性

工程项目建成后不可能像一般工业产品那样依靠终检来判断产品质量，或将产品拆卸、解体来检查其内在的质量，或对不合格零部件更换。而工程项目的终检（竣工验收）无法通过工程内在质量的检验发现隐蔽的质量缺陷。因此，工程项目的终检存在一定的局限性。这就要求工程质量控制应以预防为主，过程控制为主，防患于未然。

第三节　工程质量的政府监督管理

《建设工程质量管理条例》（2000 年中华人民共和国国务院令第 279 号）明确规定：国家实行建设工程质量监督管理制度。国务院建设行政主管部门对全国的建设工程质量实施统一的监督管理。国务院铁路、交通、水利等有关部门按国务院规定的职责分工，负责对全国的有关专业建设工程质量的监督管理。水利部 1997 年 12 月 21 日颁布的《水利工程质量管理规定》（1997 年水利部第 7 号令）中明确规定：水利工程质量实行项目法人（建设单位）负责、监理单位控制、施工单位保证和政府监督相结合的质量管理体制。1997 年 8 月 25 日颁布的《水利工程质量监督管理规定》（水建〔1997〕339 号）明确规定：水利工程质量监督机构是水行政主管部门对水利工程进行监督管理的专职机构，对水利工程质量进行强制性的监督管理。其目的在于维护社会公共利益，保证技术性法规和标准贯彻执行，不代替项目法人（建设单位）、监理、设计、施工单位的质量管理工作。工程建设、监理、设计和施工单位在工程建设阶段，必须接受质量监督机构的监督。

一、水利工程质量监督机构的设置及其职责

（一）水利工程质量监督机构的设置

水行政主管部门主管水利工程质量监督工作。水利工程质量监督机构按总站、中心站、站三级设置。

（1）水利部设置全国水利工程质量监督总站，办事机构设在建设司。水利水电规划设计管理局设置水利工程设计质量监督分站，各流域机构设置流域水利工程质量监督分站作为总站的派出机构。

（2）各省、自治区、直辖市水利（水电）厅（局），新疆生产建设兵团水利局设置水利工程质量监督中心站。

（3）各地（市）水利（水电）局设置水利工程质量监督站。

各级质量监督机构隶属于同级水行政主管部门，业务上接受上一级质量监督机构的指导。水利工程质量监督项目站（组），是相应质量监督机构的派出单位。

（二）水利工程质量监督机构主要职责

全国水利工程质量监督总站负责全国水利工程的监督和管理，其主要职责包括：贯彻执行国家和水利部有关工程建设质量管理的方针、政策；制定水利工程质量监督、检测有关规定和办法，并监督实施；归口管理全国水利工程的质量监督工作，指导各分站、中心站的质量监督工作；对部直属重点工程组织实施质量监督。参加工程的阶段验收和竣工验收；监督有争议的重大工程质量事故的处理；掌握全国水利工程质量动态；组织交流全国水利工程质量监督工作经验，组织培训质量监督人员；开展全国水利工程质量检查活动。

水利工程设计质量监督分站受总站委托承担的主要任务包括：归口管理全国水利工程的设计质量监督工作；负责设计全面质量管理工作；掌握全国水利工程的设计质量动态，定期向总站报告设计质量监督情况。

各流域水利工程质量监督分站对本流域内下列工程项目实施质量监督对本流域内下列工程项目实施质量监督：总站委托监督的部属水利工程；中央与地方合资项目，监督方式由分站和中心站协商确定；省（自治区、直辖市）界及国际边界河流上的水利工程。

市（地）水利工程质量监督站的职责，由各中心站进行制定。项目站（组）职责应根据相关规定及项目实际情况进行制定。

二、水利工程质量监督机构监督程序及主要工作内容

项目法人（或建设单位）应在工程开工前到相应的水利工程质量监督机构办理监督手续，签订《水利工程质量监督书》。

水利工程建设项目质量监督方式以抽查为主。大型水利工程应建立质量监督项目站，中、小型水利工程可根据需要建立质量监督项目站（组），或进行巡回监督。

监督主要包括以下内容。

（1）对监理、设计、施工和有关产品制作单位的资质进行复核。

（2）对建设、监理单位的质量检查体系和施工单位的质量保证体系以及设计单位现场

服务等实施监督检查。

(3) 对工程项目的单位工程、分部工程、单元工程的划分进行监督检查。

(4) 监督检查技术规程、规范和质量标准的执行情况。

(5) 检查施工单位和建设、监理单位对工程质量检验和质量评定情况。

(6) 在工程竣工验收前，对工程质量进行等级核定，编制工程质量评定报告，并向工程竣工验收委员会提出工程质量等级的建议。

工程建设、监理、设计和施工单位在工程建设阶段，必须接受质量监督机构的监督。工程竣工验收前，必须经质量监督机构对工程质量进行等级核验。未经工程质量等级核验或者核验不合格的工程，不得交付使用。

三、水利工程质量监督依据及主要权限

工程质量监督的依据包括以下内容。

(1) 国家有关的法律、法规。

(2) 水利水电行业有关技术规程、规范，质量标准。

(3) 经批准的设计文件等。

工程质量监督权限包括以下几点。

(1) 对监理、设计、施工等单位的资质等级、经营范围进行核查，发现越级承包工程等不符合规定要求的，责成建设单位限期改正，并向水行政主管部门报告。

(2) 质量监督人员需持“水利工程质量监督员证”进入施工现场执行质量监督。对工程有关部位进行检查，调阅建设、监理单位和施工单位的检测试验成果、检查记录和施工记录。

(3) 对违反技术规程、规范、质量标准或设计文件的施工单位，通知建设、监理单位采取纠正措施。问题严重时，可向水行政主管部门提出整顿的建议。

(4) 对使用未经检验或检验不合格的建筑材料、构配件及设备等，责成建设单位采取措施纠正。

(5) 提请有关部门奖励先进质量管理单位及个人。

(6) 提请有关部门或司法机关追究造成重大工程质量事故的单位和个人的行政、经济、刑事责任。

第四节 工程质量责任体系

对于水利工程，参与工程建设的各方，应根据国家颁布的《建设工程质量管理条例》、《水利工程质量管理规定》以及合同、协议以及有关文件的规定承担相应的质量责任。

一、项目法人的质量责任

(1) 项目法人（建设单位）应根据国家和水利部有关规定依法设立，主动接受水利工程质量监督机构对其质量体系的监督检查。项目法人（建设单位）在工程开工前，应按规

定向水利工程质量监督机构办理工程质量监督手续。在工程施工过程中，应主动接受质量监督机构对工程质量的监督检查。项目法人（建设单位）要加强工程质量管理，建立健全施工质量检查体系，根据工程特点建立质量管理机构和质量管理制度。

（2）项目法人（建设单位）应根据工程规模和工程特点，按照水利部有关规定，通过资质审查招标选择勘测设计、施工、监理单位并实行合同管理。项目法人应当将工程发包给具有相应资质等级的单位。不得将应由一个承包单位完成的建设工程项目分解成若干部分发包给几个承包单位。不得迫使承包方以低于成本的价格竞标。不得任意压缩合理工期。建设单位不得明示或者暗示设计单位或者施工单位违反工程建设强制性标准，降低建设工程质量。

（3）在合同文件中，必须有工程质量条款，明确图纸、资料、工程、材料、设备等的质量标准及合同双方的质量责任。

（4）建设单位必须向有关的勘察、设计、施工、工程监理等单位提供与建设工程有关的原始资料。原始资料必须真实、准确、齐全。

（5）实行监理的建设工程，建设单位应当委托具有相应资质等级的工程监理单位进行监理，也可以委托具有工程监理相应资质等级并与被监理工程的施工承包单位没有隶属关系或者其他利害关系的该工程的设计单位进行监理。

（6）项目法人（建设单位）应组织设计和施工单位进行设计交底；施工中应对工程质量进行检查，工程完工后，应及时组织有关单位进行工程质量验收、签证。

二、勘察设计单位的质量责任

（1）从事建设工程勘察、设计的单位应当依法取得相应等级的资质证书，并在其资质等级许可的范围内承揽工程。禁止勘察、设计单位超越其资质等级许可的范围或者以其他勘察、设计单位的名义承揽工程。禁止勘察、设计单位允许其他单位或者个人以本单位的名义承揽工程。勘察、设计单位不得转包或者违法分包所承揽的工程。

（2）勘察、设计单位必须按照工程建设强制性标准进行勘察、设计，并对其勘察、设计的质量负责。注册建筑师、注册结构工程师等注册执业人员应当在设计文件上签字，对设计文件负责。

（3）勘察单位提供的地质、测量、水文等勘察成果必须真实、准确。

（4）设计文件必须符合以下基本要求。

1）设计单位应当根据勘察成果文件进行建设工程设计。设计文件应当符合国家规定的设计深度要求，注明工程合理使用年限。

2）设计文件应当符合国家、水利行业有关工程建设法规、工程勘测设计技术规程、标准和合同的要求。

3）设计依据的基本资料应完整、准确、可靠，设计论证充分，计算成果可靠。

4）设计文件的深度应满足相应设计阶段有关规定要求，设计质量必须满足工程质量、安全需要并符合设计规范的要求。

5）设计单位在设计文件中选用的建筑材料、建筑构配件和设备，应当注明规格、型号、性能等技术指标，其质量要求必须符合国家规定的标准。除有特殊要求的建筑材料、专用设备、工艺生产线等外，设计单位不得指定生产厂、供应商。

（5）设计单位应按合同规定及时提供设计文件及施工图纸，在施工过程中要随时掌握施工现场情况，优化设计，解决有关设计问题。对大中型工程，设计单位应按合同规定在施工现场设立设计代表机构或派驻设计代表。

（6）设计单位应按水利部有关规定在阶段验收、单位工程验收和竣工验收中，对施工质量是否满足设计要求提出评价。

三、施工单位质量责任

（1）施工单位必须按其资质等级和业务范围承揽工程施工任务，禁止施工单位超越本单位资质等级许可的业务范围或者以其他施工单位的名义承揽工程。禁止施工单位允许其他单位或者个人以本单位的名义承揽工程。施工单位不得转包或者违法分包工程。

（2）施工单位不得将其承接的水利建设项目的主体工程进行转包。对工程的分包，分包单位必须具备相应资质等级，并对其分包工程的施工质量向总包单位负责，总承包单位与分包单位对分包工程的质量承担连带责任。总包单位对全部工程质量向项目法人（建设单位）负责。工程分包必须经过项目法人（建设单位）的认可。

（3）施工单位必须依据国家、水利行业有关工程建设法规、技术规程、技术标准的规定以及设计文件和施工合同的要求进行施工，并对其施工的工程质量负责。施工单位必须按照工程设计图纸和施工技术标准施工，不得擅自修改工程设计，不得偷工减料。施工单位在施工过程中发现设计文件和图纸有差错的，应当及时提出意见和建议。

（4）施工单位必须按照工程设计要求、施工技术标准和合同约定，对建筑材料、建筑构配件、设备和商品混凝土进行检验，检验应当有书面记录和专人签字；未经检验或者检验不合格的，不得使用。施工人员对涉及结构安全的试块、试件以及有关材料，应当在建设单位或者工程监理单位监督下现场取样，并送具有相应资质等级的质量检测单位进行检测。施工单位对施工中出现质量问题的建设工程或者竣工验收不合格的建设工程，应当负责返修。

（5）施工单位要推行全面质量管理，建立健全质量保证体系，制定和完善岗位质量规范、质量责任及考核办法，落实质量责任制。在施工过程中要加强质量检验工作，认真执行“三检制”，切实做好工程质量的全过程控制。施工单位应当建立、健全教育培训制度，加强对职工的教育培训；未经教育培训或者考核不合格的人员，不得上岗作业。

（6）工程发生质量事故，施工单位必须按照有关规定向监理单位、项目法人（建设单位）及有关部门报告，并保护好现场，接受工程质量事故调查，认真进行事故处理。

（7）工程质量必须符合国家和水利行业现行的工程标准及设计文件要求，并应向项目法人（建设单位）提交完整的技术档案、试验成果及有关资料。

四、监理单位的质量责任

（1）监理单位必须持有水利部颁发的监理单位资格等级证书，依照核定的监理范围承担相应水利工程的监理任务。禁止工程监理单位超越本单位资质等级许可的范围或者以其他工程监理单位的名义承担工程监理业务。禁止工程监理单位允许其他单位或者个人以本单位的名义承担工程监理业务。工程监理单位不得转让工程监理业务。工程监理单位与被监理工程的施工承包单位以及建筑材料、建筑构配件和设备供应单位不得有隶属关系或者其他利害关系的，不得承担该项建设工程的监理业务。

(2) 监理单位必须严格执行国家法律、水利行业法规、技术标准，严格履行监理合同。

(3) 监理单位根据所承担的监理任务向水利工程施工现场派出相应的监理机构，人员配备必须满足项目要求。监理工程师上岗必须持有水利部颁发的监理工程师岗位证书，一般监理人员上岗要经过岗前培训。

(4) 工程监理单位应当选派具备相应资格的总监理工程师和监理工程师进驻施工现场。未经监理工程师签字，建筑材料、建筑构配件和设备不得在工程上使用或者安装，施工单位不得进行下一道工序的施工。未经总监理工程师签字，建设单位不拨付工程款，不进行竣工验收。

(5) 监理单位应根据监理合同参与招标工作，从保证工程质量全面履行工程承建合同出发，签发施工图纸；审查施工单位的施工组织设计和技术措施；指导监督合同中有关质量标准、要求的实施；参加工程质量检查、工程质量事故调查处理和工程验收工作。

五、建筑材料、设备采购的质量责任

(1) 建筑材料和工程设备的质量由采购单位承担相应责任。凡进入施工现场的建筑材料和工程设备均应按有关规定进行检验。经检验不合格的产品不得用于工程。

(2) 建筑材料和工程设备的采购单位具有按合同规定自主采购的权利，其他单位或个人不得干预。

(3) 建筑材料或工程设备应当符合以下要求。

1) 有产品质量检验合格证明。

2) 有中文标明的产品名称、生产厂名和厂址。

3) 产品包装和商标式样符合国家有关规定和标准要求。

4) 工程设备应有产品详细的使用说明书，电气设备还应附有线路图。

5) 实施生产许可证或实行质量认证的产品，应当具有相应的许可证或认证证书。

思　考　题

1-1　什么叫质量、质量控制、质量保证、质量管理？

1-2　全面质量管理有哪些基本观点？

1-3　工程形成各阶段对质量有何影响？

1-4　工程建设质量管理的三个体系是指什么？

第二章　工程勘察设计和施工招标阶段质量控制

在我国的建设监理制中，监理的范围包括决策阶段、勘察设计阶段、施工招标阶段、施工阶段、工程质量保修期阶段。我国现行的监理工作主要是施工阶段和工程质量保修期的监理工作。勘察设计阶段的监理尚未普遍展开，施工招标阶段的工作大多是由项目法人完成。因此这里对工程勘察设计阶段和施工招标阶段的质量控制简单介绍。

第一节　工程勘察设计阶段的质量控制

建设工程勘察，是指根据建设工程的要求，查明、分析、评价建设场地的地质地理环境特征和岩土工程条件，编制建设工程勘察文件的活动。建设工程设计，是指根据建设工程的要求，对建设工程所需的技术、经济、资源、环境等条件进行综合分析、论证，编制建设工程设计文件的活动。它们是工程建设前期的关键环节，对建设工程的质量起着决定性作用，因此，勘察设计阶段是建设过程中一个重要阶段。

一、工程勘察

项目法人将设计任务委托给设计承包商后，设计承包商根据建设项目的内容、规模、建设场地特征等有关设计条件提出需要设计前或同时进行的有关科研、勘察要求。项目法人选定勘察单位后，视情况可派监理人员进行监理。最后，将勘察单位提交的勘察报告组织审查，并向上级单位进行备案。正式成果副本转交设计院，作为设计的依据。

1. 勘察单位的选择

(1) 资质审查。工程勘察资质分为工程勘察综合资质、工程勘察专业资质、工程勘察劳务资质。工程勘察综合资质只设甲级；工程勘察专业资质根据工程性质和技术特点设立类别和级别；工程勘察劳务资质不分级别。取得工程勘察综合资质的企业，承接工程勘察业务范围不受限制；取得工程勘察专业资质的企业，可以承接同级别相应专业的工程勘察业务；取得工程勘察劳务资质的企业，可以承接岩土工程治理、工程钻探、凿井工程勘察劳务工作。

(2) 审查待选单位的技术装备、试验基地、技术力量和财务能力。要求足够的试验场地（以便筹建大型试验模型），以及足够精度的测试设备，技术力量足以胜任工程的任务。

(3) 主要人员的资历、经历、业绩等。

勘察单位的选择可用招标方式或直接发包。

2. 勘察工作程序

一般情况下，在没有科研单位的时候，勘察工作程序包括以下内容。

（1）选定设计单位，签订设计合同。

（2）设计单位根据建设项目的性质、项目法人所提的设计条件和设计所需要的技术资料，按照规范、规程的技术标准和技术要求，提出勘察工作委托书纲要，设计单位自审后交项目法人。

（3）项目法人审核委托书纲要，并和设计单位协调一致后，写出正式委托书。

（4）选择勘察单位，签订勘察合同。

（5）勘察人员进场作业，在作业过程中应注意勘察单位与设计单位沟通。进行质量、进度、投资控制。

（6）组织有关部门和设计、勘察单位进行审查勘察成果。

3. 勘察工作主要内容

由于建设工程的性质、规模、复杂程度不同，以及建设的地点不同，设计所需要的技术条件千差万别，设计前所作的勘察工作也就不同。一般包括以下内容。

（1）自然条件观测。主要是气候、气象条件的观测，陆上和海洋的水文观测等。建设地点如有相应测绘并已有相应的累积资料，则可直接使用。若没有，则需要建站进行观测。

（2）地形图测绘。包括陆上和海洋的工程测量，地形图的测绘工作，供规划设计用的工程地形图，一般都需要进行实地测绘。

（3）资源探测。包括生物和非生物资源。这部分探测一般由国家设计机构进行，项目法人只需要进行一些补充。

（4）岩土工程勘察。根据工程性质不同，勘察的深度也不同。

（5）地震安全性评价。此工作一般在可行性研究阶段完成。

（6）工程水文地质勘察。主要解决地下水对工程造成的危害、影响或寻找地下水源作为工程水源加以利用。

（7）环境评价。此工作一般在可行性研究阶段完成。

（8）模型试验和科研项目。许多大型项目和特殊项目，其建设条件须有模型试验和科学研究方能解决。如水利枢纽设计前要做泥沙模型试验，港口设计前要做港池和航道的淤积研究等。

二、工程设计阶段

从狭义角度，我国目前的设计阶段可以分为两个阶段：初步设计阶段和施工图设计阶段。设计内容包括初步设计、概算，施工图设计、预算。对于一些复杂的，采用新工艺、新技术的项目，可以在初步设计之后增加技术设计阶段。

进行设计阶段的质量控制，首先应该选择一个优秀的承包商，在选择承包商时，应注意承包商的资质：取得工程设计综合资质的企业，其承接工程设计业务范围不受限制；取得工程设计行业资质的企业，可以承接同级别相应行业的工程设计业务；取得工程设计专项资质的企业，可以承接同级别相应的专项工程设计业务；取得工程设计行业资质的企业，可以承接本行业范围内同级别的相应专项工程设计业务，不需再单独领取工程设计专项资质。除了资质之外，还应审查承包商的业绩、信誉以及设计人员的资历。

初步设计阶段，主要应该注意以下几点。

(1) 设计方案的优化。初步设计的第一个任务就是确定一个设计方案。设计承包人应保证方案比较的深度，每个方案都应有适当的勘察和计算分析工作，保证确定的设计方案的质量，避免好的方案漏选。对设计方案的选择重点是设计方案的设计参数、设计标准、设备、结构造型、功能和使用价值等方面是否满足适用、经济、安全、可靠的要求。

(2) 保证设计总目标的实现。设计承包人应严格按设计任务书的要求进行设计，如果需要改动任务书某个局部的质量目标，必须征得项目法人的同意。

(3) 应该在保证质量总目标的前提下，尽量降低造价，提高投资效益。

(4) 设计报告经审查，重点审查所采用的技术方案是否符合总体方案的要求，是否达到项目决策的质量标准；同时审查工程概算是否控制在限额之内。若审查通过，报主管部门批准进行立项。经主管部门批准立项的工程可以开始做施工图设计。

施工图设计阶段质量控制，将在第三章介绍。

第二节　工程施工招标阶段的质量控制

建设工程设计完成后，项目法人就开始选择施工承包人，进行施工和安装工程招标。施工招标过程可分为三个阶段工作：招标准备阶段，从办理申请招标开始，到发出招标广告或邀请招标时发出投标邀请函为止；招标阶段，从发布广告之日起，到投标截止之日止；决标阶段，从开标之日起，到与中标单位签订施工承包合同为止。各阶段的应重点控制的内容分述如下。

一、招标准备阶段

(1) 申请招标。建设市场的行为必须受市场的监督管理，因此工程施工招标必须经过建设主管部门的招投标管理机构批准后才可以进行。建设项目的实施必须符合国家制定的基本建设管理程序，按照有关建设法规的规定，向有关建设行政主管部门申请进行施工招标时，应满足建设法规规定的业主资质能力条件和招标条件才能进行招标。如果业主不具备资质和能力，必须委托具有相应资质的咨询公司或监理单位代理招标。

(2) 选择招标方式。选择什么方式招标，是由项目法人决定的。主要是依据自身的管理能力、设计的进度情况、建设项目本身的特点、外部环境条件等因素充分考虑比较后，首先决定施工阶段的分标数量和合同类型，再确定招标方式。

(3) 编制招标文件。建设工程的发包数量、合同类型和招标方式一经确定后，即应编制招标文件，包括：招标广告；资格预审文件；招标文件；协议书以及评标办法等。

(4) 编制标底。编制标底是工程项目招标前的一项重要准备工作，而且是比较复杂而又细致的工作。标底是进行评标的依据之一，通常是委托设计单位或监理单位来做的。标底须报请主管部门审定，审定后保密封存至开标时，不得泄露。

二、招标阶段

招标阶段主要工作是：发布招标广告；进行投标申请人的资格预审；发售招标文件；组织投标人进行现场考察；召开标前会议解答投标人质疑和接受标书工作等。

（1）资格预审。资格预审是投标申请单位整体资格的综合评定，主要包括：法人资格；商业信誉；财务能力；技术能力；施工经验等。

（2）组织现场考察。在招标文件中规定的时间，招标单位负责组织各投标人到施工现场进行考察。其目的主要是让投标人了解招标现场的自然条件、施工条件、周围环境和调查当地的市场价格，以便进行报价。另一方面要求投标人通过自己的实地考察，以确定投标的策略和投标原则，避免实施过程中承包商以不了解实际为理由推卸应承担的合同责任。

（3）标前会议。指招标单位在招标文件规定的日期（投标截止日期前），为解答投标人研究招标文件和现场考察中所提出的有关质疑问题进行解答的会议。

思 考 题

2－1　选择勘察单位应考虑哪些因素？

2－2　勘察工作的程序是什么？

2－3　审查初步设计主要应审查什么内容？

2－4　施工招标阶段的主要工作内容是什么？

第三章　工程施工阶段质量控制

第一节　概　　述

工程施工是使工程设计意图最终实现并形成工程实体的阶段，也是最终形成工程产品质量和工程项目使用价值的重要阶段。因此可以认为施工阶段的质量控制不但是施工监理重要的核心内容，也是工程项目质量控制的重点。监理人对工程施工的质量控制，就是按照合同赋予的权利，围绕影响工程质量的各种因素，对工程项目的施工进行有效的监督和管理。

一、施工质量控制的系统过程

施工阶段的质量控制是一个经由对投入的资源和条件的质量控制（事前控制）进而对生产过程及各环节质量进行控制（事中控制），直到对所完成的工程产出品的质量检验与控制（事后控制）为止的全过程的系统控制过程。

施工阶段的质量控制根据工程实体形成的时间阶段可以分为以下三个阶段。

（一）事前控制

事前控制是施工前的准备阶段进行的质量控制。它是指在各工程对象，各项准备工作及影响质量的各因素和有关方面进行的质量控制。其具体内容包括以下几个方面。

（1）承包人资格审核。主要包括：

1）检查主要技术负责人是否到位。

2）审查分包单位的资格等级。

（2）施工现场的质量检验、验收。包括：

1）现场障碍物的拆除、迁建及清除后的验收。

2）现场定位轴线、高程标桩的测设、验收。

3）基准点、基准线的复核、验收等。

（3）负责审查批准承包人在工程施工期间提交的各单位工程和部分工程的施工措施计划、方法和施工质量保证措施。

（4）督促承包人建立和健全质量保证体系，组建专职的质量管理机构，配备专职的质量管理人员。承包人现场应设置专门的质量检查机构和必要的实验条件，配备专职的质量检查、实验人员，建立完善的质量检查制度。

（5）材料和工程设备的检验和交货验收。承包人负责采购的材料和工程设备，应由承包人会同现场监理人进行检验和交货验收，检验材质证明和产品合格证书。

（6）工程观测设备的检查。现场监理人需检查承包人对各种观测设备的采购、运输、保存、率定、安装、埋设、观测和维护等。其中观测设备的率定、安装、埋设和观测均必须在有现场监理人员在场的情况下进行。

（7）施工机械的质量控制。

1）凡直接危及工程质量的施工机械，如混凝土搅拌机、振动器等，应按技术说明书查验其相应的技术性能，不符合要求的，不得在工程中使用。

2）施工中使用的衡器、量具、计量装置应有相应的技术合格证，使用时应完好并不超过它们的校验周期。

（二）事中控制

始终施工过程中进行的所有与施工过程有关各方面的质量控制，主要是工序和中间产品的质量控制。

（1）监理人有权对工程的所有部位及施工工艺、材料和工程设备进行检查和检验。承包人应为监理人的检查和检验提供方便，包括监理人到施工场地，或制造、加工地点，或合同约定的其他地方进行察看和查阅施工原始记录。承包人还应按监理人指示，进行施工场地取样试验、工程复核测量和设备性能检测，提供试验样品、提交试验报告和测量成果以及监理人要求进行的其他工作。监理人的检查和检验，不免除承包人按合同约定应负的责任。

（2）工程隐蔽部位覆盖前的检查。

1）通知监理人检查。经承包人自检确认的工程隐蔽部位具备覆盖条件后，承包人应通知监理人在约定的期限内检查。承包人的通知应附有自检记录和必要的检查资料。监理人应按时到场检查。经监理人检查确认质量符合隐蔽要求，并在检查记录上签字后，承包人才能进行覆盖。监理人检查确认质量不合格的，承包人应在监理人指示的时间内修整返工后，由监理人重新检查。

2）监理人未到场检查。监理人未按约定的时间进行检查的，除监理人另有指示外，承包人可自行完成覆盖工作，并作相应记录报送监理人，监理人应签字确认。监理人事后对检查记录有疑问的，可进行重新检查。

3）监理人重新检查。承包人覆盖工程隐蔽部位后，监理人对质量有疑问的，可要求承包人对已覆盖的部位进行钻孔探测或揭开重新检验，承包人应遵照执行，并在检验后重新覆盖恢复原状。经检验证明工程质量符合合同要求的，由发包人承担由此增加的费用和（或）工期延误，并支付承包人合理利润；经检验证明工程质量不符合合同要求的，由此增加的费用和（或）工期延误由承包人承担。

4）承包人私自覆盖。承包人未通知监理人到场检查，私自将工程隐蔽部位覆盖的，监理人有权指示承包人钻孔探测或揭开检查，由此增加的费用和（或）工期延误由承包人承担。

（3）清除不合格工程。

1）承包人使用不合格材料、工程设备，或采用不适当的施工工艺，或施工不当，造成工程不合格的，监理人可以随时发出指示，要求承包人立即采取措施进行补救，直至达到合同要求的质量标准，由此增加的费用和（或）工期延误由承包人承担。

2）由于发包人提供的材料或工程设备不合格造成的工程不合格，需要承包人采取措施补救的，发包人应承担由此增加的费用和（或）工期延误，并支付承包人合理利润。

（三）事后控制

事后控制是指对于通过施工过程所完成的具有独立的功能和使用价值的最终产品（单位工程或整个工程项目）及其有关方面（例如质量文档）的质量进行控制。

（1）审核完工资料。

（2）审核施工承包人提供的质量检验报告及有关技术性文件。

（3）整理有关工程项目质量的技术文件，并编目、建档。

（4）评价工程项目质量状况及水平。

（5）组织联动试车等。

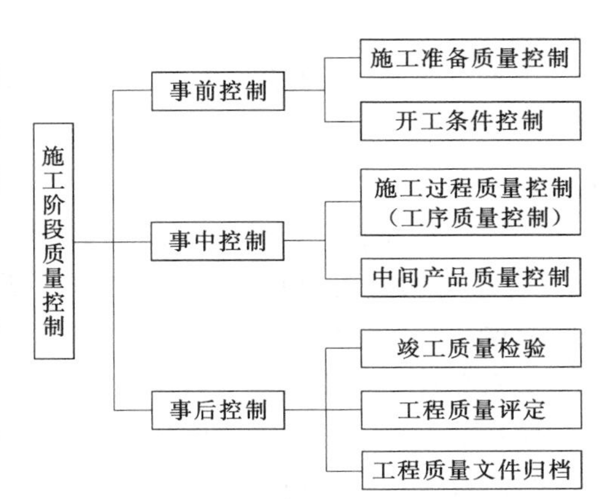

图 3-1　工程实体质量形成过程的时间阶段划分

上述三个阶段的质量监控系统过程及其所涉及的主要方面如图 3-1 所示。

二、影响施工阶段质量的因素

工程施工是一种物质生产活动，工程影响因素多，概括起来、可归结为以下五个方面，它们分别是人（man）、材料（material）、机械（machine）、方法（method）及环境（environment）。

在工程质量形成的系统过程中，前两阶段对于最终产品质量的形成具有决定性的作用，而所投入的物质资源的质量控制对最终产品质量又具有举足轻重的影响。所以，质量控制的系统过程中，无论是对投入物质资源的控制，还是对施工及安装生产过程的控制，都应当对影响工程实体质量的五个重要因素进行全面的控制。

第二节　质量控制的依据、方法及程序

一、质量控制的依据

施工阶段监理人进行质量控制的依据，主要有以下几类。

（一）国家颁布有关质量方面的法律、法规

为了保证工程质量，监督规范建设市场，国家颁布的法律、法规主要有：《中华人民共和国建筑法》、《建设工程质量管理条例》、《水利工程质量管理条例》等。

（二）已批准的设计文件、施工图纸及相应的设计变更与修改文件

“按图施工”是施工阶段质量控制的一项重要原则，已批准的设计文件无疑是监理人进行质量控制的依据。但是从严格质量管理和质量控制的角度出发，监理单位在施工前还应参加建设单位组织的设计交底工作，以达到了解设计意图和质量要求，发现图纸差错和减少质量隐患的目的。

（三）已批准的施工组织设计、施工技术措施及施工方案

施工组织设计是承包人进行施工准备和指导现场施工的规划性、指导性文件，它详细规定了承包人进行工程施工的现场布置、人员组织配备和施工机具配置，每项工程的技术要求，施工工序和工艺、施工方法及技术保证措施，以及质量检查方法和技术标准等。施工承包人在工程开工前，必须提出对于所承包的建设项目的施工组织设计，报请监理人审查，一旦获得批准，它就成为监理人进行质量控制的重要依据之一。

（四）合同中引用的国家和行业（或部颁）的现行施工操作技术规范、施工工艺规程及验收规范、评定规程

国家和行业（或部颁）的现行施工技术规程规范和操作规程，是建立、维护正常的生产秩序和工作秩序的准则，也是为有关人员制定的统一行动准则，它是工程施工经验的总结，与质量形成密切相关，必须严格遵守。

（五）合同中引用的有关原材料、半成品、构配件方面的质量依据

这类质量依据包括以下内容。

（1）有关产品技术标准。如水泥、水泥制品、钢材、石材、石灰、砂、防水材料、建筑五金及其他材料的产品标准。

（2）有关检验、取样方法的技术标准。如《水泥细度检验方法》（GB 1345—91）、《水泥化学分析方法》（GB/T 176—1996）、《水泥胶砂强度检验方法》（GB/T 17671—1999）、《普通混凝土用砂质量标准及检验方法》（JGJ 52—92）、《建筑用砂》（GB/T 14684—2001）、《建筑用卵石、碎石》（GB/T 14685—2001）、《水工混凝土试验规程》（DL/T 5150—2001）。

（3）有关材料验收、包装、标志的技术标准。如《型钢验收、包装、标注质量证明书的一般规定》（GB/T 2101—1989）、《钢管验收、包装、标志及质量证明书的一般规定》（GB 2101—1989）、《钢铁产品牌号表示方法》（GB/T 221—2002）等。

（六）发包人和施工承包人签订的工程承包合同中有关质量的合同条款

监理合同写有发包人和监理单位有关质量控制的权利和义务的条款，施工承包合同写有发包人和施工承包人有关质量控制的权利和义务的条款，各方都必须履行合同中的承诺，尤其是监理单位，既要履行监理合同的条款，又要监督施工承包人履行质量控制条款。因此，监理单位要熟悉这些条款，当发生纠纷时，及时采取协商调解等手段予以解决。

（七）制造厂提供的设备安装说明书和有关技术标准

制造厂提供的设备安装说明书和有关技术标准，是施工安装承包人进行设备安装必须遵循的重要的技术文件，同样是监理人对承包人的设备安装质量进行检查和控制的依据。

二、施工阶段质量控制方法

施工阶段质量检查的主要方法有以下几种。

(一) 旁站监理

监理人按照监理合同约定，在施工现场对工程项目的重要部位和关键工序的施工，实施连续性的全过程检查、监督与管理。旁站是监理人员的一种主要现场检查形式。对容易产生缺陷的部位，以及隐蔽工程，尤其应该加强旁站。

在旁站检查中，监理人员必须检查承包商在施工中所用的设备、材料及混合料是否与已批准的配比相符，检查是否按技术规范和批准的施工方案、施工工艺进行施工，注意及时发现问题和解决问题，制止错误的施工方法和手段，尽早避免事故的发生。

(二) 检验

(1) 巡视检验。监理人对所监理的工程项目进行的定期或不定期的检查、监督和管理。

(2) 跟踪检测。在承包人进行试样检测前，监理人对其检测人员、仪器设备以及拟定的检测程序和方法进行审核；在承包人对试样进行检测时，实施全过程的监督，确认其程序、方法的有效性以及检测结果的可信性，并对该结果确认。跟踪检测的检测数量，混凝土试样不应少于承包人检测数量的7%；土方试样不应少于承包人检测数量的10%。

(3) 平行检测。监理人在承包人对试样自行检测的同时，独立抽样进行的检测，核验承包人的检测结果。平行检测的检测数量，混凝土试样不应少于承包人检测数量的3%，重要部位每种标号的混凝土最少取样一组；土方试样不应少于承包人检测数量的5%，重要部位至少取样三组。

跟踪检测和平行检测工作都应由具有国家规定的资质条件的检测机构承担。平行检测费用由发包人承担。

(三) 测量

测量是对建筑物的几何尺寸进行控制的重要手段。开工前，承包人要进行施工放样，监理人员要对施工放样及高程控制进行检查，不合格者不准开工。对模板工程、已完工程的几何尺寸、高程、宽度、厚度、坡度等质量指标，按规范要求进行测量验收，不符合要求的要进行修整，无法修整的进行返工。承包人的测量记录，均要事先经监理人员审核签字后才能使用。

(四) 现场记录和发布文件

监理人员应认真、完整记录每日施工现场的人员、设备、材料、天气、施工环境以及施工中出现的各种情况作为处理施工过程中合同问题的依据之一。并通过发布通知、指示、批复、签认等文件形式进行施工全过程的控制和管理。

三、施工阶段质量控制程序

(一) 合同项目质量控制程序

(1) 监理机构应在施工合同约定的期限内，经发包人同意后向承包人发出进场通知，要求承包人按约定及时调遣人员和施工设备、材料进场进行施工准备。进场通知中应明确合同工期起算日期。

(2) 监理机构应协助发包人向承包人移交施工合同约定应由发包人提供的施工用地、

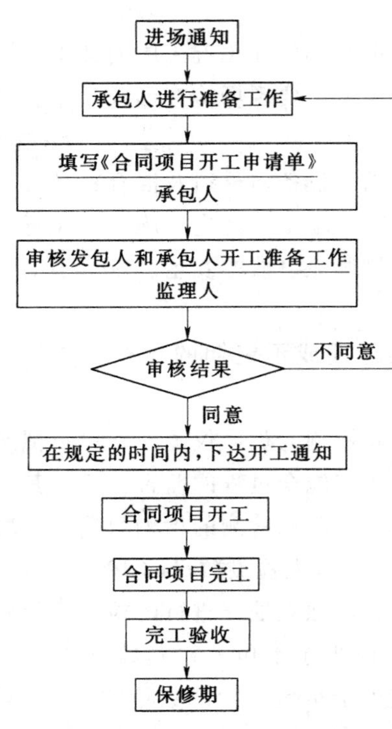

图 3-2　合同项目质量控制程序

道路、测量基准点以及供水、供电、通信设施等开工的必要条件。

(3) 承包人完成开工准备后，应向监理机构提交开工申请。监理机构在检查发包人和承包人的施工准备满足开工条件后，签发开工令。

(4) 由于承包人原因使工程未能按施工合同约定时间开工，监理机构应通知承包人在约定时间内提交赶工措施报告并说明延误开工原因。由此增加的费用和工期延误造成的损失由承包人承担。

(5) 由于发包人原因使工程未能按施工合同约定时间开工，监理机构在收到承包人提出的顺延工期的要求后，应立即与发包人和承包人共同协商补救办法。由此增加的费用和工期延误造成的损失由发包人承担，如图 3-2 所示。

(二) 单位工程质量控制程序

监理机构应审批每一个单位工程的开工申请，熟悉图纸，审核承包人提交的施工组织设计、技术措施等，确认后签发开工通知，如图 3-3 所示。

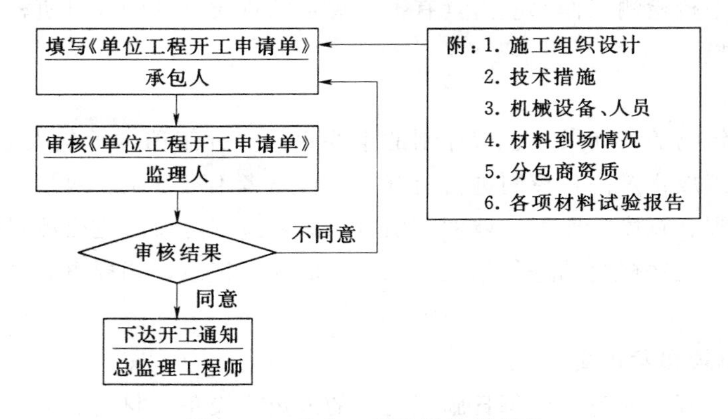

图 3-3　单位工程质量控制程序

(三) 分部工程质量控制程序

监理机构应审批承包人报送的每一分部工程开工申请，审核承包人递交的施工措施计划，检查该分部工程的开工条件，确认后签发分部工程开工通知。

(四) 工序或单元工程质量控制程序

第一个单元工程在分部工程开工申请获批准后自行开工，后续单元工程凭监理机构签发的上一单元工程施工质量合格证明方可开工，如图 3-4 所示。

(五) 混凝土浇筑开仓

监理机构应对承包人报送的混凝土浇筑开仓报审表进行审核，符合开仓条件后，方可签发。

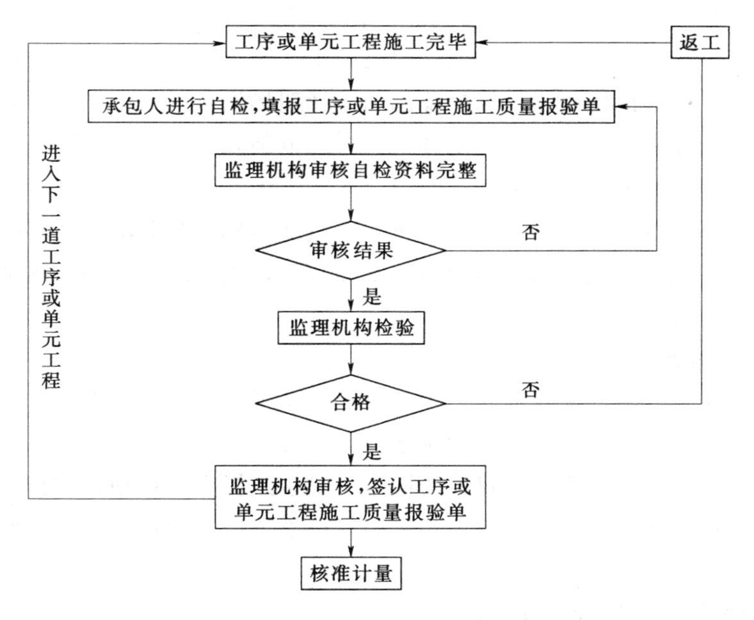

图3-4　工序或单元工程质量控制程序

第三节　合同项目开工条件的审查

事前质量控制分两个层次：第一个层次是监理人对合同项目开工条件的审查；第二个层次是随着工程施工的进展，把好各单位（分项）工程开工之前的准备工作。开工条件的审查既要有阶段性，又要有连贯性。因此，监理人对开工条件的审查工作必须有计划、有步骤、分期和分阶段地进行，要贯穿工程的整个施工过程。

合同项目开工条件的审查内容，包括发包人和承包人两方面的准备工作。

一、发包人的准备工作

（一）首批开工项目施工图纸和文件的供应

发包人在工程开工前应向承包人提供已有的与本工程有关的水文和地质勘测资料以及应由发包人提供的图纸。

（二）测量基准点的移交

（1）发包人应在专用合同条款约定的期限内，通过监理人向承包人提供测量基准点、基准线和水准点及其书面资料。

（2）发包人应对其提供的测量基准点、基准线和水准点及其书面资料的真实性、准确性和完整性负责。发包人提供上述基准资料错误导致承包人测量放线工作的返工或造成工程损失的，发包人应当承担由此增加的费用和（或）工期延误，并向承包人支付合理利润。承包人发现发包人提供的上述基准资料存在明显错误或疏忽的，应及时通知监理人。

（三）施工用地及必要的场内交通条件

（1）发包人应在合同双方签订合同协议书后14d内，将本合同工程的施工场地范围图提交给承包人。发包人提供的施工场地范围图应标明场地范围永久占地与临时占地的范围和界限，以及指明提供承包人用于施工场地布置的范围和界限和有关资料。

（2）发包人提供的施工场地范围在专用合同条款中约定。

（3）除专用合同条款另有约定外，发包人应按技术标准和要求（合同技术条款）的约定，向承包人提供施工场地内的工程地质图纸和报告，以及地下障碍物图纸等施工场地有关资料，并保证资料的真实、准确、完整。

（四）首次工程预付款的付款

预付款用于承包人为合同工程施工购置材料、工程设备、施工设备、修建临时设施以及组织施工队伍进场等。预付款必须专用于合同工程。

承包人应在收到第一次工程预付款的同时向发包人提交工程预付款担保，担保金额应与第一次工程预付款金额相同。工程预付款担保在第一次工程预付款被发包人扣回前一直有效。

（五）协助承包人办理证件和批件

发包人应协助承包人办理法律规定的有关施工证件和批件。

（六）施工合同中约定应由发包人提供的道路、供电、供水、通信等条件

监理人应协助发包人做好施工现场的“四通一平”工作，即通水、通电、通路、通信和场地平整。在施工总体平面布置图中，应明确表明供水、供电、通信线路的位置，以及各承包人从何处接水源、电源的说明，并将水、电送到各施工区，以免在承包人进人施工工作区后因无水、电供应延误施工，引起索赔。

二、承包人准备工作

（一）承包人组织机构和人员的审查

在合同项目开工前，承包人应向监理人呈报其实施工程承包合同的现场组织机构表及各主要岗位人员的主要资历，监理人应认真予以审查。监理机构在总监理工程师主持下进行了认真审查，要求施工单位实质性地履行其投标承诺，做到组织机构完备；技术与管理人员熟悉各自的专业技术，有类似工程的长期经历和丰富经验，能够胜任所承包项目的施工、完工与工程保修；配备有能力对工程进行有效监督的工长和领班；投入顺利履行合同义务所需的技工和普工。主要审查内容包括以下几点。

1. 施工单位项目经理资格审查

（1）承包人应按合同约定指派项目经理，并在约定的期限内到职。承包人更换项目经理应事先征得发包人同意，并应在更换14d前通知发包人和监理人。承包人项目经理短期离开施工场地，应事先征得监理人同意，并委派代表代行其职责。

（2）承包人为履行合同发出的一切函件均应盖有承包人授权的施工场地管理机构章，并由承包人项目经理或其授权代表签字。

（3）承包人项目经理可以授权其下属人员履行其某项职责，但事先应将这些人员的姓名和授权范围通知监理人。

2. 施工单位人员审查

(1) 承包人应在接到开工通知后28天内，向监理人提交承包人在施工场地的管理机构以及人员安排的报告，其内容应包括管理机构的设置、各主要岗位的技术和管理人员名单及其资格以及各工种技术工人的安排状况。承包人应向监理人提交施工场地人员变动情况的报告。

(2) 为完成合同约定的各项工作，承包人应向施工场地派遣或雇佣足够数量的下列人员：具有相应资格的专业技工和合格的普工；具有相应施工经验的技术人员；具有相应岗位资格的各级管理人员。

(3) 承包人安排在施工场地的主要管理人员和技术骨干应相对稳定。承包人更换主要管理人员和技术骨干时，应取得监理人的同意。

(4) 特殊岗位的工作人员均应持有相应的资格证明，监理人有权随时检查。监理人认为有必要时，可进行现场考核。

(5) 承包人应对其项目经理和其他人员进行有效管理。监理人要求撤换不能胜任本职工作、行为不端或玩忽职守的承包人项目经理和其他人员的，承包人应予以撤换。

(二) 承包人试验场所资质进行审核

监理机构对施工单位检测试验的质量控制，是对工程项目的材料质量、工艺参数和工程质量进行有效控制的重要途径。要求施工单位提供的试验室必须具备与所承包工程相适应并满足合同文件和技术规范、规程、标准要求的检测手段和资质。

(三) 承包人进场施工设备的审查

为了保证施工的顺利进行，监理人在开工前对施工设备的审查内容主要包括以下几个方面。

(1) 开工前，承包人进场施工设备的数量和规格、性能以及进场时间是否符合施工合同约定要求。

(2) 承包人应按合同进度计划的要求，及时配置施工设备。进入施工场地的承包人设备需经监理人核查后才能投入使用。承包人更换合同约定的承包人设备的，应报监理人批准。

(3) 承包人使用的施工设备不能满足合同进度计划和（或）质量要求时，监理人有权要求承包人增加或更换施工设备，承包人应及时增加或更换，由此增加的费用和（或）工期延误由承包人承担。

(4) 除合同另有约定外，运入施工场地的所有施工设备以及在施工场地建设的临时设施应专用于合同工程。未经监理人同意，不得将上述施工设备和临时设施中的任何部分运出施工场地或挪作他用。经监理人同意，承包人可根据合同进度计划撤走闲置的施工设备。

(四) 施工控制网测量

承包人应在收到发包人提供的测量基准点、基准线和水准点及书面资料后8d内，将施测的施工控制网资料提交监理人审批。监理人应在收到报批件后的4d内批复承包人。

监理人可以指示承包人进行抽样复测，当复测中发现错误或出现超过合同约定的误差时，承包人应按监理人指示进行修正或补测，并承担相应的复测费用。

监理人需要使用施工控制网的，承包人应提供必要的协助，发包人不再为此支付费用。

承包人应负责管理施工控制网点。施工控制网点丢失或损坏的，承包人应及时修复。承包人应承担施工控制网点的管理与修复费用，并在工程竣工后将施工控制网点移交发包人。

（五）对原材料、构配件的检查

检查进场原材料、构配件的质量、规格、性能是否符合有关技术标准和技术条款的要求，原材料的储存量是否满足工程开工及随后施工的需要。

（六）砂石料系统、混凝土拌和系统以及场内道路、供水、供电、供风等施工辅助设施的准备

砂石料生产系统的配置，是根据工程设计图纸的混凝土用量及各种混凝土的级配比例，计算出各种规格混凝土骨料的需用量，主要考虑日最大强度及月最大强度，确定系统设备的配置。砂石厂应设在料场附近；多料场供应时，应设在主料场附近；经论证亦可分别设厂；砂石利用率高、运距近、场地许可时，亦可设在混凝土工厂附近。主要设施的地基应稳定，有足够的承载力。

混凝土拌和系统选址，尽量选在地质条件良好的部位，拌和系统布置注意进出料高程，运输距离小，生产效率高。

对外交通方案确保施工工地与国家或地方公路、铁路车站、水运港口之间的交通联系，具备完成施工期间外来物质运输任务的能力；场内交通方案确保施工工地内部各工区、当地材料场地、堆渣场、各生产区、各生活区之间的交通联系，主要道路与对外交通衔接。除合同约定由发包人提供部分道路外，承包人应负责修建、维修、养护和管理其施工所需的临时道路和交通设施（包括合同约定由发包人提供的部分道路和交通设施的维修、养护和管理），并承担相应费用。

工地施工用水、生活用水和消防用水的水压、水质应满足相应的规定。施工供水量应满足不同时期日高峰生产用水和生活用水需要，并按消防用水量进行校核。生活和生产用水宜按水质要求、用水量、用户分布、水源、管道和取水建筑物的布置情况，通过技术经济比较后确定集中或分散供水。

各施工阶段用电最高负荷宜按需要系数法计算。通信系统组成与规模应根据工程规模的大小、施工设施布置及用户分布情况确定。

第四节　施工图纸及施工组织设计的审查

单位工程开工条件的审查与合同项目开工条件既有相同之处，也存在区别。相同之处是两者审查的内容、方法基本相同；不同之处是两者侧重点有所不同。合同项目开工条件的审查侧重于整体，属于粗线条，涉及面广；而单位工程开工条件的审查则是针对合同中一个具体的组成部分而进行的。单位工程开工条件主要是对施工图纸的审核和施工组织设计的审查。

一、施工图纸的审查

根据基本建设程序，施工图纸的审核分为两种情况：一种情况是在工程开工之前，建设单位应把施工图设计文件提交有关部门进行审查，未经审核批准，不得使用；另外一种是在施工过程中，图纸用于正式施工之前，监理工程师对施工图纸及设计文件的审查。这里所讲的是第二种性质的审查。

施工图审核是指监理人对施工图的审核。审核的重点是使用功能及质量要求是否得到满足。施工图是对建筑物、设备、管线等工程对象的尺寸、布置、选用材料、构造、相互关系、施工及安装质量要求的详细图纸和说明，是指导施工的直接依据。因此，监理单位应重视施工图纸的审核。监理机构收到施工图纸后，应在施工合同约定的时间内完成核查或审批工作，确认后签字、盖章，有必要时监理机构应在与有关各方约定的时间内，主持或与发包人联合主持召开施工图纸技术交底会议，并由设计单位进行技术交底。

（一）施工图审查内容

监理人对施工图纸进行审核时，除了重视施工图纸本身是否满足设计要求之外，还应注意从合同角度进行审查，保证工程质量，减少设计变更，对施工图纸的审查应侧重审查以下内容。

（1）施工图纸是否经设计单位正式签署。

（2）图纸与说明书是否齐全，如分期出图，图纸供应是否及时。

（3）是否与招标图纸一致（如不一致是否有设计变更）。

（4）地下构筑物、障碍物、管线是否探明并标注清楚。

（5）施工图中的各种技术要求是否切实可行，是否存在不便于施工或不能施工的技术要求。

（6）各专业图纸的平面、立面、剖面图之间是否有矛盾，几何尺寸、平面位置、标高等是否一致，标注是否有遗漏。

（7）地基处理的方法是否合理。对地基进行处理常用的方法有换土垫层、砂井堆载预压、强夯、振动挤密、高压喷射注浆、深层搅拌、渗入性灌浆、加筋土、桩基础加固地基等方法。

（二）设计技术交底

为更好地理解设计意图，发包人应根据合同进度计划，组织设计单位向承包人进行设计交底。

设计技术交底会议应着重解决以下问题。

（1）分析地形、地貌、水文气象、工程地质及水文地质等自然条件方面的影响。

（2）主管部门及其他部门（如环保、旅游、交通、渔业等）对本工程的要求，设计单位采用的设计规范。

（3）设计单位的意图。如设计思想、结构设计意图、设备安装及调试要求等。

（4）施工单位在施工过程中应注意的问题。如基础处理、新结构、新工艺、新技术等方面应注意的问题。

(5) 对设计技术交底会议应形成记录。

(三) 施工图纸的发布

监理人在收到施工详图后，首先应对图纸进行审核。在确认图纸正确无误后，由监理人签字，下达给施工承包人，施工图即正式生效，施工承包人就可按图纸进行施工。

施工承包人在收到监理人发布的施工图后，在用于正式施工之前应注意以下几个问题。

(1) 检查该图纸是否已经监理人签字。

(2) 对施工图做仔细的检查和研究，内容如前所述。检查和研究的结果可能有以下几种情况。

1) 图纸正确无误，承包人应立即按施工图的要求组织实施，研究详细的施工组织和施工技术保证措施，安排机具、设备、材料、劳力、技术力量进行施工。

2) 承包人发现发包人提供的图纸存在明显错误或疏忽，应及时通知监理人。

3) 设计人需要对已发给承包人的施工图纸进行修改时，监理人应在技术标准和要求（合同技术条款）约定的期限内签发施工图纸给承包人。承包人应按技术标准和要求（合同技术条款）的约定编制一份承包人实施计划提交监理人批准后执行。

二、施工组织设计的审核

施工组织设计是水利水电工程设计文件的重要组成部分，是编制工程投资估、设计概算和进行招投标的主要依据，是工程建设和施工管理的指导性文件。认真做好施工组织设计，对整体优化设计方案、合理组织工程施工、保证工程质量、缩短建设周期、降低工程造价都有十分重要的作用。

在施工投标阶段，施工单位根据招标文件中规定的施工任务、技术要求、施工工期及施工现场的自然条件，结合本单位的人员、机械设备、技术水平和经验，在投标书中编制了施工组织设计，对拟承包工程做出了总体部署，如工程准备采用的施工方法、施工工序、机械设备和技术力量的配置，内部的质量保证系统和技术保证措施。它是承包人进行投标报价的主要依据之一。施工单位中标并签订合同后，这一施工组织设计也就成了施工合同文件的重要组成部分。在施工单位接到开工通知后，按合同规定时间，进一步提交了更为完备、具体的施工组织设计，得到监理机构的批准。

监理人审查施工组织设计程序如图 3-5 所示。

监理人审查施工组织设计应注意以下几个方面。

(1) 承包人所选用的施工设备的型号、类型、性能、数量等，能否满足施工进度和施工质量的要求。

(2) 拟采用的施工方法、施工方案在技术上是否可行，对质量有无保证。

(3) 各施工工序之间是否平衡，会不会因工序的不平衡而出现窝工。

(4) 质量控制点的设置是否正确，其检验方法、检验频率、检验标准是否符合合同技术规范的要求。

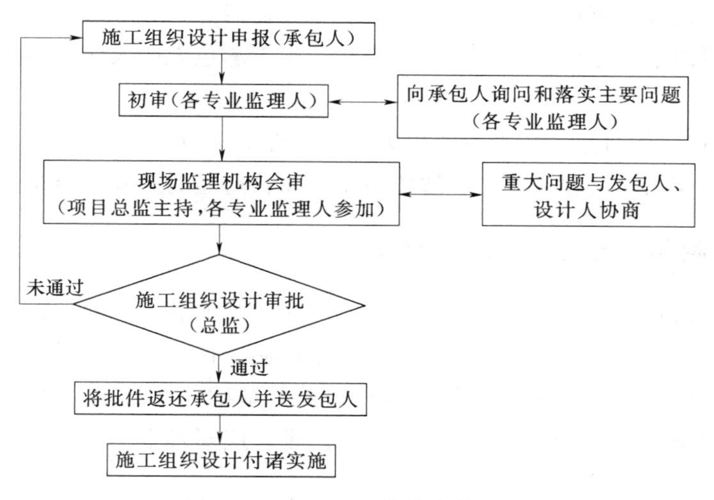

图 3-5　施工组织设计审核程序

(5) 计量方法是否符合合同的规定。

(6) 技术保证措施是否切实可行。

(7) 施工安全技术措施是否切实可行等。

监理人在对施工承包人的施工组织设计和技术措施进行仔细审查后提出意见和建议，并用书面形式答复承包人是否批准施工组织设计和技术措施，是否需要修改。如果需要修改，承包人应对施工组织设计和技术措施进行修改后提出新的施工组织设计和技术措施，再次请监理人审查，直至批准为止。在施工组织设计和技术措施获得批准后，承包人就应严格遵照批准的施工组织设计和技术措施实施。对于由于其他原因需要采取替代方案的，应保证不降低工程质量、不影响工程进度、不改变原来的报价。根据合同条件的规定，监理人对施工方案的批准，并不解除承包人对此方案应负的责任。

在施工过程中，监理人有权随时随地检查已批准的施工组织设计和技术措施的实施情况，如果发现施工承包人有违背之处，监理人应首先以口头，然后用书面形式指出承包人违背施工组织设计和技术措施的行为，并要求予以改正。如果承包人坚持不予以改正，监理人有权发布暂停通知，停止其施工。

对关键部位、工序或重点控制对象，在施工之前必须向监理人提交更为详细的施工措施计划，经监理人审批后方能进行施工。

第五节　施工过程影响因素的质量控制

影响工程质量的因素有五大方面，即“人、材料、机械、方法、环境”。事前有效控制这五方面因素的质量是确保工程施工阶段质量的关键，是监理人进行质量控制过程中的主要任务之一。

一、人的质量控制

工程质量取决于工序质量和工作质量，工序质量又取决于工作质量，而工作质量直接取决于参与工程建设各方所有人员的技术水平、文化修养、心理行为、职业道德、质量意识、身体条件等因素。这里所指的人员既包括了施工承包人的操作、指挥及组织者，也包括了监理人员。

"人"作为控制的对象，要避免产生失误，要充分调动人的积极性，以发挥"人是第一因素"的主导作用。监理人要本着适才适用，扬长避短的原则来控制人的使用。

二、原材料与工程设备的质量控制

工程项目是由各种建筑材料、辅助材料、成品、半成品、构配件以及工程设备等构成的实体，这些材料、构配件本身的质量及其质量控制工作，对工程质量具有十分重要的影响。由此可见，材料质量及工程设备是工程质量的基础，材料质量及工程设备不符合要求，工程质量也就不可能符合标准。为此，监理人应对原材料和工程设备进行严格的控制。

（一）原材料和工程设备质量控制的特点

（1）工程建设所需用的建筑材料、构件、配件等数量大，品种规格多，且分别来自众多的生产加工部门，故施工过程中，材料、构配件的质量控制工作量大。

（2）水利水电工程施工周期长，短则几年，长则十几年，施工过程中各工种穿插、配合繁多，如土建与设备安装的交叉施工，监理人的质量控制具有复杂性。

（3）工程施工受外界条件的影响较大，有的材料甚至是露天堆放，影响材料质量的因素多，且各种因素在不同环境条件下影响工程质量的程度也不尽相同，因此，监理人对材料、构配件的质量控制具有较大困难。

（二）原材料和工程设备质量控制程序

1. 承包人提供的材料和工程设备

（1）除约定由发包人提供的材料和工程设备外，承包人负责采购、运输和保管完成本合同工作所需的材料和工程设备。承包人应对其采购的材料和工程设备负责。

（2）承包人应按专用合同条款的约定，将各项材料和工程设备的供货人及品种、规格、数量和供货时间等报送监理人审批。承包人应向监理人提交其负责提供的材料和工程设备的质量证明文件，并满足合同约定的质量标准。

（3）对承包人提供的材料和工程设备，承包人应会同监理人进行检验和交货验收，查验材料合格证明和产品合格证书，并按合同约定和监理人指示，进行材料的抽样检验和工程设备的检验测试，检验和测试结果应提交监理人，所需费用由承包人承担。

2. 发包人提供的材料和工程设备

（1）发包人提供的材料和工程设备，应在专用合同条款中写明材料和工程设备的名称、规格、数量、价格、交货方式、交货地点和计划交货日期等。

（2）承包人应根据合同进度计划的安排，向监理人报送要求发包人交货的日期计划。发包人应按照监理人与合同双方当事人商定的交货日期，向承包人提交材料和工程设备。

（3）发包人应在材料和工程设备到货7d前通知承包人，承包人应会同监理人在约定的时间内，赴交货地点共同进行验收。发包人提供的材料和工程设备运至验收后，由承包人负责接收、卸货、运输和保管。

(4) 发包人要求向承包人提前交货的，承包人不得拒绝，但发包人应承担承包人由此增加的费用。

(5) 承包人要求更改交货日期或地点的，应事先报请监理人批准。由于承包人要求更改交货时间或地点所增加的费用和（或）工期延误由承包人承担。

(6) 发包人提供的材料和工程设备的规格、数量或质量不符合合同要求，或由于发包人原因发生交货日期延误及交货地点变更等情况的，发包人应承担由此增加的费用和（或）工期延误，并向承包人支付合理利润。

3. 材料和工程设备专用于合同工程

(1) 运入施工场地的材料、工程设备，包括备品备件、安装专用工器具与随机资料，必须专用于合同工程，未经监理人同意，承包人不得运出施工场地或挪作他用。

(2) 随同工程设备运入施工场地的备品备件、专用工器具与随机资料，应由承包人会同监理人按供货人的装箱单清点后共同封存，未经监理人同意不得启用。承包人因合同工作需要使用上述物品时，应向监理人提出申请。

4. 禁止使用不合格的材料和工程设备

(1) 监理人有权拒绝承包人提供的不合格材料或工程设备，并要求承包人立即进行更换。监理人应在更换后再次进行检查和检验，由此增加的费用和（或）工期延误由承包人承担。

(2) 监理人发现承包人使用了不合格的材料和工程设备，应即时发出指示要求承包人立即改正，并禁止在工程中继续使用不合格的材料和工程设备。

(3) 发包人提供的材料或工程设备不符合合同要求的，承包人有权拒绝，并可要求发包人更换，由此增加的费用和（或）工期延误由发包人承担。

5. 原材料、工程设备和工程的试验和检验

(1) 承包人应按合同约定进行材料、工程设备和工程的试验和检验，并为监理人对上述材料、工程设备和工程的质量检查提供必要的试验资料和原始记录。按合同约定应由监理人与承包人共同进行试验和检验的，由承包人负责提供必要的试验资料和原始记录。

(2) 监理人未按合同约定派员参加试验和检验的，除监理人另有指示外，承包人可自行试验和检验，并应立即将试验和检验结果报送监理人，监理人应签字确认。

(3) 监理人对承包人的试验和检验结果有疑问的，或为查清承包人试验和检验成果的可靠性要求承包人重新试验和检验的，可按合同约定由监理人与承包人共同进行。重新试验和检验的结果证明该项材料、工程设备或工程的质量不符合合同要求的，由此增加的费用和（或）工期延误由承包人承担；重新试验和检验结果证明该项材料、工程设备和工程符合合同要求，由发包人承担由此增加的费用和（或）工期延误，并支付承包人合理利润。

(4) 承包人应按相关规定和标准对水泥、钢材等原材料与中间产品质量进行检验，并报监理人复核。

(5) 除专用合同条款另有约定外，水工金属结构、启闭机及机电产品进场后，监理人

组织发包人按合同进行交货和验收。安装前，承包人应检查产品是否有出厂合格证、设备安装说明书及有关技术文件，对在运输和存放过程中发生的变形、受潮、损坏等问题应做好记录，并进行妥善处理。

（6）对专用合同条款约定的试块、试件及有关材料，监理人实行见证取样。见证取样资料由承包人制备，记录应真实齐全，监理人、承包人等参与见证取样人员均应在相关文件上签字。

（7）承包人根据合同约定或监理人指示进行的现场材料试验，应由承包人提供试验场所、试验人员、试验设备器材以及其他必要的试验条件。

（8）监理人在必要时可以使用承包人的试验场所、试验设备器材以及其他试验条件，进行以工程质量检查为目的的复核性材料试验，承包人应予以协助。

（三）原材料控制要点

（1）对于重要部位和重要结构所使用的材料，在使用前应仔细核对和认证材料的规格、品种、型号、性能是否符合工程特点和以上要求。此外，还应严格进行以下材料的质量控制。

1）对于混凝土、砂浆、防水材料等，应进行试配求严格控制配合比。

2）对于钢筋混凝土构件及预应力混凝土构件，应按有关规定进行抽样检验。

3）对预制加工厂生产的成品、半成品，应由生产厂家提供出厂合格证明，必要时还应进行抽样检验。

4）对于高压电缆、电绝缘材料，应组织进行耐压试验后才能使用。

5）对于新材料、新构件，要经过权威单位进行技术鉴定合格后，才能在工程中正式使用。

6）对于进口材料，应会同商检部门按合同规定进行检验，核对凭证，如发现问题，应在规定期限内提出索赔。

7）凡标志不清或怀疑质量有问题的材料，对质量保证资料有怀疑或与合同规定不符的材料，均应进行抽样检验。

8）储存期超过3个月的过期水泥或受潮、结块的水泥应重新检验其标号，并不得使用在工程的重要部位。

（2）材料质量检验方法。材料质量检验方法分为书面检验、外观检验、理化检验和无损检验四种。

1）书面检验。指通过对提供的材料质量保证资料、试验报告等进行审核，取得认可方能使用。

2）外观检验。指对材料从品种、规格、标志、外形尺寸等进行直观检验，看其有无质量问题。

3）理化检验。指在物理、化学等方法的辅助下的量度。它借助于试验设备和仪器对材料样品的化学成分、机械性能等进行科学的鉴定。

4）无损检验。指在不破坏材料样品的前提下，利用超声波、X射线、表面探伤仪等进行检测。如普氏贯入仪（进行土的压实试验）、探地雷达（进行钢筋混凝土中钢筋的探测）。

（3）常用材料检验的项目及取样方法，见表 3－1 和表 3－2。

表 3－1　　常用材料检验项目

序号	名称		主要项目	其他项目
1	水泥		凝结时间、强度、体积安定性、三氧化硫	细度、水化热、稠度
2	混凝土用砂、石料	砂	颗粒级配、含水率、含泥量、比重、孔隙率、松散容重、扁平度	有机物含量、云母含量、三氧化硫含量
		石		针状和片状颗粒，软弱颗粒
3	混凝土用外加剂		减水率、凝结时间差、抗压强度对比、钢筋锈蚀	泌水率比，含气量、收缩率比、相对耐久性
4	钢材	热轧钢筋、冷拉钢筋，型钢钢板、异型钢	拉力、冷弯拉力、反复弯曲、松弛	冲击、硬度、焊接件的机械性能
		冷拔低碳素钢丝、碳素钢丝及刻痕钢丝		冲击、硬度、焊接件的机械性能
5	沥青防水卷材		不透水性、耐热度、吸水性、抗拉强度	柔度
6	复合土工膜		单位面积重量；梯形撕破力、断裂强度、断裂伸长率、顶破强度、渗透系数、抗渗强度	耐化学性能、低温性能、光老化性能
7	土石坝用土石料	土	天然含水量、天然容重、比重、孔隙率、孔隙比、流限、塑限、塑性指标、饱和度、颗粒级配、渗透系数；最优含水量、内摩擦角	压缩系数
		石	颗粒级配、含泥量、有机物含量、抗压强度	
8	粉煤灰		细度、烧失量、需水比、含水率	三氧化硫

表 3－2　　原材料及半成品质量检验取样方法

材料名称	取样单位	取样数量	取样方法
水泥	同品种、同标号水泥按 400t 为一批，不足者也按一批计	从一批水泥中选取平均试样 20kg	从不同部位的至少 15 袋或 15 处水泥中抽取。手捻不碎的受潮水泥结块应过每平方厘米 64 孔筛除去
砂、卵石、碎石	以每 $200m^3$ 作为一批，不满 $200m^3$ 时也按一批计	样品质量鉴定时，砂子 30～50kg，石子 30kg；作混凝土配合比时，砂子 100kg，石子 200kg	分别在砂、石堆的上、中、下三个部位抽取若干数量，拌和均匀，按四分法缩分提取
防水卷材（油毡、油纸）	以 500 卷为一批，不足者也按一批计	取 2%但不少于 2 卷，检查外观	从外观检查合格的 1 卷卷材，距端头 1.0mm 外处截取 1.5m 长一段作材性试验

续表

材料名称	取样单位	取样数量	取样方法
钢材（钢号不明的钢材）	以20t为一批，不足者也按一批计	3根	任意取，分别在每根截取拉伸、冷弯、化学分析试件各1根，每组试件送2根，截取时先将每根端头弃去10cm
冷拉钢筋	按同一品种，尺寸分批，当直径 $d_0 \leqslant 12mm$ 时，每批重量不大于10t，当 $d_0 \geqslant 14mm$ 时，每批重量不大于20t	3根	在每批中，从不同的3根钢筋上各取一个拉力试样和冷弯试样
粉煤灰	以一昼夜连续供应相同等级的检煤灰200t为一批，不足200t者也按一批计	对散装灰，从每批灰的15个不同部位各取不少于1kg的粉煤灰；对袋岩灰，从每批中任取10袋，从每袋中取不少于1kg	将上述试样搅拌均匀采用四分法，缩取比试剂需量大一倍的试样

（四）工程设备质量控制要点

1．工程设备制造质量控制

一般情况下，在签订设备采购合同后，监理人应授权独立的检验员，作为监理人代表派驻工程设备制造厂家，以监造的方式对供货生产厂家的生产重点及全过程实行质量监控，以保证工程设备的制造质量，并弥补一般采购订货中可能存在的不足之处。同时可以随时掌握供货方是否严格按自己所提出的质量保证计划书执行，是否有条不紊地开展质量管理工作，是否严格履行合同文件，能否确保工程设备的交货日期和交货质量。

监理人应针对工程设备供货的特点以及自身的具体情况（如技术力量、技术人员、管理水平等），采取相应的监造方式保证制造质量。归纳起来，监造方式有日常监造方式、设计联络会议方式、监理人协同有关单位派出监造组的方式。

（1）日常监造方式。当监理人缺乏足够的技术力量、水平的技术人员，难以对供货方实施日常监造工作时，监理人可以委托承担设备安装的施工承包人负责日常监造工作，即施工承包人代表发包人/监理人对供货单位进行监造，施工承包人对发包人/监理工程师负责。

（2）设计联络会议方式。根据实际需要规定设计联络次数，主要解决工程设备设计中存在的各类问题。

（3）监理人协同有关单位派出监造组的方式。监造组的具体任务，应视合同的执行情况，以搞好合同管理监督并促进供方单位保证设备质量为目的，做好设备制造工作中有关问题处理的前后衔接工作，监造组的派出次数视实际情况而定。监造组的任务包括以下内容。

1）了解供方质量管理控制系统，包括技术资料档案情况，理化检验和主要部件初检和复检制度，各生产工序的检验项目及标准，关键零部件的检验制度。

2）参加部分设备的出厂试验，了解试验方法及标准。

3）全面了解和掌握供货单位在制造工程设备全过程中的生产工艺，产品装配，检验和试验，出厂包装，储存方法等内容。

4）就设计联络会议遗留下来的问题与供货单位协商解决。

5）解决施工承包人的日常监造遗留下来的各类问题。

监造内容视监造对象和供货厂家的不同而有所区别。一般而言，监造内容主要包括以下几点。

（1）监督和了解供方在设备制造过程中质量保证体系运行情况及质量保证手册执行情况，含质量管理体系、质量管理网络、对策等。

（2）监控供方质量保证文件的执行情况。

（3）监控供方的生产工艺水平及工艺能力。

（4）监控用于工程设备制造的材料质量。

（5）监控制造产品质量情况。

（6）与供方协商解决设计联络会议及日常监造遗留下来的问题。

（7）审核质量检验人员的操作资格。

（8）掌握质量检验工作进行情况及准确性程度。

（9）确定包装运输的保证质量措施和手段。

（10）参与出厂试验。

2. 工程设备运输的质量控制

工程设备运输是借助于运输手段，进行有目标的空间位置的转移，最终达到施工现场、工程设备运输工作的质量，直接影响工程设备使用价值的实现，进而影响工程施工的正常进行和工程质量。

工程设备容易因运输不当而降低甚至丧失使用价值，造成部件损坏，影响其功能和精度等。因此，监理人应加强工程设备运输的质量控制，与发包人的采购部门一起，根据具体情况和工程进度计划，编制工程设备的运送时间表，制定出参与设备运输的有关人员的责任，使有关人员明确在运输质量保证中应做的事和应负的责任，这也是保证运输质量的前提。设备运输有关人员各自的质量责任，有以下几方面。

（1）供方的质量责任。发包人设备采购部门在监理人参与下与供方签订的供货合同中，应包含供货方在保证运输质量方面所承担一切责任的条款，同时合同中要明确规定供方为保证运输质量所采取的必要措施。

（2）工程设备采购人员的责任。采购人员应明确采购对象的质量、规格、品种及在运输中保证质量的要求，根据不同的工程设备及对其需要时间等要求，编制运输计划及保证运输质量的措施，合理选择运输方式，向押运人员、装卸人员、运输人员作保证运输质量的技术交底，监督供方合同中有关保证运输质量措施及所负责任的条款等。

（3）押运人员的质量责任。押运人员负责运输全过程的质量管理，处理运输中发生的异常情况，确保设备的运输质量。

（4）装卸人员的质量责任。装卸人员应按照采购人员提出的装卸操作要求进行装卸，禁止野蛮装卸，认清设备的品种、规格、标记和件数，避免错装、漏装；装卸中若发现质量问题，应及时向押运人员或采购人员反映，研究适当的处理办法。

(5) 运输人员的质量责任。明确保证运输质量的要求，积极配合押运人员、装卸人员做好保证运输质量的各项工作；选择合适的运输路线和路面，必要时应限速，避开坑洼路面；停车、卸车地点的选择应满足技术交底规定的要求，尽量做到直达运输，避免二次搬运。

3. 工程设备检查及验收的质量控制

根据合同条件之规定，工程设备运至现场后，承包人应负责在现场工程设备的接收工作，然后由监理人进行检查验收，工程设备的检查验收内容包括：计数检查；质量保证文件审查；品种、规格、型号的检查；质量确认检验等。

(1) 质量保证文件的审查和管理。质量保证文件是供货厂家（制造商）或被委托的加工单位向需方提供的证明文件，证明其所供应的设备及器材，完全达到需方提出的质量保证计划书所需求的技术性文件。一方面，它可以证明所对应的设备及器材质量符合标准要求，需方在掌握供方质量信誉及进行必要的复验的基础上，就可以投入施工或运行；另一方面，它也是施工单位提供竣工技术文件的重要组成部分，以证明建设项目所用设备及器材完全符合要求。因此，甲方（如委托施工单位督造，则应为施工单位），必须加强对设备及器材质量保证文件的管理。

工程设备质量保证文件的组成内容随设备的类别、特点的不同而不尽相同。但其主要的、基本的内容包括：

1) 供货总说明。

2) 合格证明书、说明书。

3) 质量检验凭证。

4) 无损检测人员的资格证明。

5) 焊接人员名单，资格证明及焊接记录。

6) 不合格内容、质量问题的处理说明及结果。

7) 有关图纸及技术资料。

8) 质量监督部门的认证资料等。

监理人应重视并加强对质量保证文件的管理。质量保证文件管理的内容主要有：

1) 所有投入到工程中的工程设备必须有齐备的质量保证文件。

2) 对无质量保证文件或质量保证文件不齐全，或质量保证文件虽齐全，但对其对应的设备表示怀疑时，监理人应进行质量检验（或办理委托质量检验）。

3) 质量保证文件应有足够的份数，以备工程竣工后用。

4) 监理人应监督施工承包人将质量保证文件编入竣工技术文件等。

(2) 工程设备质量的确认。质量确认检验的目的是通过一系列质量检验手段，将所得的质量数据与供方提供的质量保证文件相对照，对工程设备质量的可靠性作出判断，从而决定其是否可以投用。另外，质量确认检验的附加目的，是对供方的质量检验资格、能力、水平作出判断，并将质量信息反馈给供方。

质量确认检验按一定的程序进行。其一般程序如下：

1) 由采购员将供方提出的全部质量保证文件送交负责质量检验的监理人审查。

2）检验人员按照供方提供的质量保证文件，对工程设备进行确认检查，如经查无误，检验人员在“工程设备验收单”上盖允许或合格的印记。

3）当对供方提供的质量保证文件资料的正确性有怀疑或发现文件与设备实物不符时，以及设计、技术规程有明确规定，或因是重要工程设备必须复验才可使用时，检验人员应盖暂停入库的记号，并填写复验委托单，交有关部门复验。

4. 工程设备的试车运转质量控制

工程设备安装完毕后，要参与和组织单体、联体无负荷和有负荷的试车运转。对于试运转的质量控制可分为以下四个阶段。

（1）质量检查阶段。试车运转前的全面综合性的质量检查是十分必要的，通过这一工作，可以把各类问题暴露于试车运转之前，以便采取相应措施加以解决，保证试车运转质量。试车运转前的检查是在施工过程质量检验的基础上进行，其重点是施工质量、质量隐患及施工漏项。对检查中发现的各类问题，监理人应责令责任方编写整改计划，进行逐项整改并逐项检查验收。

（2）单体试车运转阶段。单体试车运转，对工程设备，也称为单机试车运转。在系统清洗、吹扫、贯通合格，相应需要的电、水、气、风等引入的条件下，可分别实施单体试车运转。

单体试车运转合格，并取得生产（使用）单位参加人员的确认后，可分别向生产单位办理技术交工，也可待工程中的所有单机试车运转合格后，办理一次性技术交工。

（3）无负荷或非生产性介质投料的联合试车运转。无负荷联合试车运转是不带负荷的总体联合试车运转。它可以是各种转动设备、动力设备、反应设备、控制系统以及联结它们成为有机整体的各种联系系统的联合试车运转。在这个阶段的试车运转中，可以进行大量的质量检验工作，如密封性检验、系统试压等，以发现在单体试运中不能或难以发现的工程质量问题。

（4）有负荷试车运转。有负荷试车运转实际上是试生产过程，是进一步检验工程质量、考核生产过程中的各种功能及效果的最后也是最重要的检验。

进行有负荷试车运转必须具备以下条件：无负荷试车运转中发现的各类质量问题均已解决完毕，工程的全部辅助生产系统满足试车运转需要并畅通无阻，公用工程配套齐全；生产操作人员配备齐全，辅助材料准备妥当，相应的生产管理制度建立齐全，通过有负荷试车运转，以进一步发现工程的质量问题，并对生产的处理量、产量、产品品种及其质量等是否达到设计要求，进行全面检验和评价。

三、施工设备的质量控制

施工设备质量控制的目的，在于为施工提供性能好、效率高、操作方便、安全可靠、经济合理且数量足够的施工设备，以保证按照合同规定的工期和质量要求，完成建设项目施工任务。

监理人应着重从施工设备的选择、使用管理和保养、施工设备性能参数的要求等三方面予以控制。

（一）施工设备的选择

施工设备选择的质量控制，主要包括设备选型和主要性能参数的选择两方面。

（1）施工设备的选型。应考虑设备的施工适用性、技术先进、操作方便、使用安全，保证施工质量的可靠性和经济上的合理性。例如，疏浚工程应根据地质条件、疏浚深度、面积及工程量等因素，分别选择抓斗式、链斗式、吸扬式、耙吸式等不同形式的挖泥船；对于混凝土工程，在选择振捣器时，应考虑工程结构的特点、振捣器功能、适用条件和保证质量的可靠性等因素，分别选择大型插入式、小型软轴式、平板式或附着式振捣器。

（2）施工设备主要性能参数的选择。应根据工程特点、施工条件和已确定的机械设备形式，来选定具体的机械。例如，堆石坝施工所采用的振动碾，其性能参数主要是压实功能和生产能力，在已选定牵引式振动碾的情况下，应选择能够在规定的铺筑厚度下振动碾压 6～8 遍以后，就能使填筑坝料的密度达到设计要求的振动碾。

（二）施工设备的使用管理

为了更好地发挥施工设备的使用效果和质量效果，监理人应督促施工承包人做好施工设备的使用管理工作，具体包括以下内容。

（1）加强施工设备操作人员的技术培训和考核，正确掌握和操作机械设备，做到定机定人，实行机械设备使用保养的岗位责任制。

（2）建立和健全机械设备使用管理的各种规章制度，如人机固定制度、操作证制度、岗位责任制度、交接班制度、技术保养制度、安全使用制度、机械设备检查维修制度及机械设备使用档案制度等。

（3）严格执行各项技术规定，如：

1）技术试验规定。对于新的机械设备或经过大修、改装的机械设备，在使用前必须进行技术试验，包括无负荷试、加负荷试验和试验后的技术鉴定等，以测定机械设备的技术性能、工作性能和安全性能，试验合格后，才能使用。

2）走合期规定。即新的机械设备和大修后的机械设备在初期使用时，工作负荷或行驶速度要由小到大，使设备各部分配合达到完善磨合状态，这段时间称为机械设备的走合期。如果初期使用就满负荷作业，会使机械设备过度磨损，降低设备的使用寿命。

3）寒冷地区使用机械设备的规定。在寒冷地区，机械设备会产生启动困难、磨损加剧、燃料润滑油消耗增加等现象，要做好保温取暖工作。

4）施工设备进场后，未经监理人批准，不得擅自退场或挪作他用。

（三）施工设备性能及状况的考核

对于施工设备的性能及状况，不仅在其进场时应进行考核，在使用过程中，由于零件的磨损、变形、损坏或松动，会降低效率和性能，从而影响施工质量。因此监理人必须督促施工承包人对施工设备特别是关键性的施工设备的性能和状况定期进行考核。例如对吊装机械等必须定期进行无负荷试验、加荷试验及其他测试，以检查其技术性能、工作性能、安全性能和工作效率。发现问题时，应及时分析原因，采取适当措施，以保证设备性能的完好。

四、施工方法的质量控制

这里所指的方法控制，包含工程项目整个建设周期内所采取的技术方案、工艺流程、组织措施、检测手段、施工组织设计等的控制。

施工方案合理与否、施工方法和工艺先进与否，均会对施工质量产生极大的影响，是直接影响工程项目的进度控制、质量控制、投资控制三大目标能否顺利实现的关键，在施工实践中，由于施工方案考虑得不周、施工工艺落后而造成施工进度迟缓，质量下降，增加投资等情况时有发生。为此，监理人在制定和审核施工方案和施工工艺时，必须结合工程实际，从技术、管理、经济、组织等方面进行全面分析，综合考虑，确保施工方案、施工工艺在技术上可行，在经济上合理，且有利于提高施工质量。

五、环境因素的质量控制

影响工程项目质量的施工环境因素较多，主要有技术环境、施工管理环境及自然环境。

技术环境因素包括施工所用的规程、规范、设计图纸及质量评定标准。

施工管理环境因素包括质量保证体系、三检制、质量管理制度、质量签证制度、质量奖惩制度等。

自然环境因素包括工程地质、水文、气象、温度等。

上述环境因素对施工质量的影响具有复杂而多变的特点，尤其是某些环境因素更是如此，如气象条件就是千变万化，温度、大风、暴雨、酷暑、严寒等均影响到施工质量。为此，监理人要根据工程特点和具体条件，采取有效的措施，严格控制影响质量的环境因素，确保工程项目质量。

第六节　施工工序的质量控制

工程质量是在施工过程中形成的，不是检验出来的。工程项目的施工过程，是由一系列相互关联、相互制约的工序所构成，工序质量是基础，直接影响工程项目的整体质量。要控制工程项目施工过程的质量，首先必须加强工序质量控制。

一、工序质量控制的内容

进行工序质量控制时，应着重于以下四方面的工作。

1. 严格遵守工艺规程

施工工艺和操作规程，是进行施工操作的依据和法规，是确保工序质量的前提，任何人都必须遵守，不得违犯。

2. 主动控制工序活动条件的质量

工序活动条件包括的内容很多，主要指影响质量的五大因素：即施工操作者、材料、施工机械设备、施工方法和施工环境。只有将这些因素切实有效的控制起来，使它们处于被控状态，确保工序投入品的质量，才能保证每道工序的正常和稳定。

3. 及时检验工序活动效果的质量

工序活动效果是评价工序质量是否符合标准的尺度。为此，必须加强质量检验工作，对质量状况进行综合统计与分析，及时掌握质量动态，发现质量问题，应及时处理。

4. 设置质量控制点

质量控制点是指为了保证作业过程质量而预先确定的重点控制对象、关键部位或薄弱环节，设置控制点以便在一定时期内、一定条件下进行强化管理，使工序处于良好的控制状态。

二、工序分析

工序分析就是找出对工序的关键或重要的质量特性起着支配作用的那些要素的全部活动。以便能在工序施工中针对这些主要因素制定出控制措施及标准，进行主动的、预防性的重点控制，严格把关。工序分析一般可按以下步骤进行。

（1）选定分析对象，分析可能的影响因素，找出支配性要素。具体包括以下工作。

1）选定的分析对象可以是重要的、关键的工序，或者是根据过去的资料认为经常发生问题的工序。

2）掌握特定工序的现状和问题，改善质量的目标。

3）分析影响工序质量的因素，明确支配性要素。

（2）针对支配性要素，拟定对策计划；并加以核实。

（3）将核实的支配性要素编入工序质量控制表。

（4）对支配性要素落实责任，实施重点管理。

三、质量控制点的设置

设置质量控制点是保证达到施工质量要求的必要前提，监理人在拟定质量控制工作计划时，应予以详细地考虑，并以制度来保证落实；对于质量控制点，要事先分析可能造成质量问题的原因，再针对原因制定对策和措施进行预控。

（一）质量控制点设置步骤

承包人应在提交的施工措施计划中，根据自身的特点拟定的质量控制点，通过监理人审核后，就要针对每个控制点进行控制措施的设计，主要步骤和内容如下：

（1）列出质量控制点明细表。

（2）设计质量控制点施工流程图。

（3）进行工序分析，找出影响质量的主要因素。

（4）制定工序质量表，对上述主要因素规定出明确的控制范围和控制要求。

（5）编制保证质量的作业指导书。

承包人对质量控制点的控制措施设计完成后，经监理人审核批准后方可实施。

（二）质量控制点的设置

监理人应督促施工承包人在施工前全面、合理地选择质量控制点。并对施工承包人设置质量控制点的情况及拟采取的控制措进行审核。必要时，应对施工承包人的质量控制实施过程进行跟踪检查或旁站监督，以确保质量控制点的实施质量。

承包人在工程施工前应根据施工过程质量控制的要求、工程性质和特点以及自身的特点，列出质量控制点明细表，表中应详细地列出各质量控制点的名称或控制内容、检验标准及方法等，提交监理人审查批准后，在此基础上实施质量预控。

设置质量控制点的对象，主要有以下几方面。

（1）人的行为。某些工序或操作重点应控制人的行为，避免人的失误造成质量问题。如对高空作业、水下作业、爆破作业等危险作业。

（2）材料的质量和性能。材料的性能和质量是直接影响工程质量的主要因素，尤其是某些工序，更应将材料的质量和性能作为控制的重点。如预应力钢筋的加工，就要求对钢筋的弹性模量、含硫量等有较严要求。

（3）关键的操作。

（4）施工顺序。有些工序或操作，必须严格相互之间的先后顺序。

（5）技术参数。有些技术参数与质量密切相关，亦必须严格控制。如外加剂的掺量，混凝土的水灰比等。

（6）常见的质量通病。常见的质量通病如混凝土的起砂、蜂窝、麻面、裂缝等都与工序中质量控制不严格有关，应事先制定好对策，提出预防措施。

（7）新工艺、新技术、新材料的应用。当新工艺、新技术、新材料虽已通过鉴定、试验，但是施工操作人员缺乏经验，又是初次施工时，也必须对其工序进行严格控制。

（8）质量不稳定、质量问题较多的工序。通过质量数据统计，表明质量波动、不合格率较高的工序，也应作为质量控制点设置。

（9）特殊地基和特种结构。对于湿陷性黄土、膨胀土、红黏土等特殊地基的处理，以及大跨度结构、高耸结构等技术难度大的施工环节和重要部位，更应特别控制。

（10）关键工序。如钢筋混凝土工程的混凝土振捣，灌注桩的钻孔，隧洞开挖的钻孔布置、方向、深度、用药量和填塞等。

控制点的设置要准确有效，因此此究竟选择哪些对象作为控制点，这需要由有经验的质量控制人员通过对工程性质和特点、自身特点以及施工过程的要求充分进行分析后进行选择。表 3-3 是某工程设置的质量控制点。

表 3-3　　工程质量控制点总表

序号	工程项目	质量控制要点	控制手段与方法
1	土石方工程	开挖范围（尺寸及边坡比）	测量、巡视
		高程	测量
2	一般基础工程	位置（轴线及高度）	测量
		高程	测量
		地基承载能力	试验测定
		地基密实度	检测、巡视

续表

<table>
<tr><th>序号</th><th>工程项目</th><th>质量控制要点</th><th colspan="2">控制手段与方法</th></tr>
<tr><td rowspan="5">3</td><td rowspan="5">碎石桩基础</td><td>桩底土承载力</td><td colspan="2">测试、旁站</td></tr>
<tr><td>孔位孔斜成桩垂直度</td><td colspan="2">量测、巡视</td></tr>
<tr><td>投石量</td><td colspan="2">量测、旁站</td></tr>
<tr><td>桩身及桩间土</td><td colspan="2">试验、旁站</td></tr>
<tr><td>复合地基承载力</td><td colspan="2">试验、旁站</td></tr>
<tr><td rowspan="4">4</td><td rowspan="4">换填基础</td><td>原状土地基承载力</td><td colspan="2">测试、旁站</td></tr>
<tr><td>混合料配比、均匀性</td><td colspan="2">审核配合比，取样检查、巡视</td></tr>
<tr><td>碾压遍数、厚度</td><td colspan="2">旁站</td></tr>
<tr><td>碾压密实度</td><td colspan="2">仪器、测量</td></tr>
<tr><td rowspan="6">5</td><td rowspan="6">水泥搅拌桩</td><td>桩位（轴线、坐标、高程）</td><td colspan="2">测量</td></tr>
<tr><td>桩身垂直度</td><td colspan="2">量测</td></tr>
<tr><td>桩顶、桩端地层高程</td><td colspan="2">测量</td></tr>
<tr><td>外掺剂掺量及搅拌头叶片外径</td><td colspan="2">量测</td></tr>
<tr><td>水泥掺量、水泥浆液、搅拌喷浆速度</td><td colspan="2">量测</td></tr>
<tr><td>成桩质量</td><td colspan="2">N10轻便触探器检验、抽芯检测</td></tr>
<tr><td rowspan="5">6</td><td rowspan="5">灌注桩</td><td>孔位（轴线、坐标、高程）</td><td colspan="2">测量</td></tr>
<tr><td>造孔、孔径、垂直度</td><td colspan="2">量测</td></tr>
<tr><td>终孔、桩端地层、高程</td><td colspan="2">检测、终孔岩样做超前钻探</td></tr>
<tr><td>钢筋混凝土浇筑</td><td colspan="2">审核混凝土配合比、坍落度、施工工艺、规程、旁站</td></tr>
<tr><td>混凝土密实度</td><td colspan="2">用大小应变超声波等检测，巡视</td></tr>
<tr><td rowspan="7">7</td><td rowspan="7">混凝土浇筑</td><td>位置轴线、高程</td><td>测量</td><td rowspan="7">（1）原材料要合格碎石冲洗，外加剂检查试验。
（2）混凝土拌和：拌和时间不少于120s。
（3）混凝土运输方式。
（4）混凝土人仓方式。
（5）浇筑程序、方式、方法。
（6）平仓、控制下料厚度、分层。
（7）振捣间距，不超过振动棒长度的1.25倍，不漏振。
（8）浇筑时间要快，不能停顿，但要控制层面时间。
（9）加强养护</td></tr>
<tr><td>断面尺寸</td><td>量测</td></tr>
<tr><td>钢筋：数量、直径、位置、接头、绑扎、焊接</td><td>量测、现场检查</td></tr>
<tr><td>施工缝处理和结构缝措施</td><td>现场检查</td></tr>
<tr><td>止水材料的搭接、焊接</td><td>现场检查</td></tr>
<tr><td>混凝土强度、配合比、坍落度</td><td>现场制作试块，审核试验报告，旁站</td></tr>
<tr><td>混凝土外观</td><td>量测</td></tr>
</table>

注 1. 巡视指施工现场作业面不定时的检查监督。
2. 旁站指现场跟踪、观察及量测等方式进行的检查监督。
3. 量测指用简单的手持式量尺，量具、量器（表）进行的检查监督。
4. 测量指借助于测量仪器、设备进行检查。
5. 试验指通过试件、取样进行的试验检查等。

（三）两类质量检验点

从理论上讲，或在工程实践中，要求监理人对施工全过程的所有施工工序和环节，都能实施检验，以保证施工的质量。然而，在实际中难以做到这一点，为此，监理人应在工程开工前，应督促施工承包人在施工前全面、合理的选择质量控制点。根据质量控制点的重要程度及监督控制要求不同，将质量控制点区分为质量检验见证点和质量检验待检点。

1. 见证点

所谓“见证点”，是指承包人在施工过程中达到这一类质量检验点时，应事先书面通知监理人到现场见证，观察和检查承包人的实施过程。然而在监理人接到通知后未能在约定时间到场的情况下，承包人有权继续施工。

例如，在建筑材料生产时，承包人应事先书面通知监理人对采石场的采石、筛分进行见证。当生产过程的质量较为稳定时，监理人可以到场，也可以不到场见证，承包人在监理人不到场的情况下可继续生产，然而需做好详细的施工记录，供监理人随时检查。在混凝土生产过程中，监理人不一定对每一次拌和都到场检验混凝土的温度、坍落度、配合比等指标，而可以由承包人自行取样，并做好详细的检验记录，供监理人检查。然而，在混凝土标号改变或发现质量不稳定时，监理人可以要求承包人事先书面通知监理人到场检查，否则不得开拌。此时，这种质量检验点就成了“待检点”。

质量检验“见证点”的实施程序如下：

步骤1：施工或安装承包人在到达这一类质量检验点（见证点）之前24h，书面通知监理人，说明何日何时到达该见证点，要求监理人届时到场见证。

步骤2：监理人应注明他收到见证通知的日期并签字。

步骤3：如果在约定的见证时间监理人未能到场见证，承包人有权进行该项施工或安装工作。

步骤4：如果在此之前，监理人根据对现场的检查，并写明他的意见，则承包人在监理人意见的旁边，应写明他根据上述意见已经采取的改正行动，或者他所可能有的某些具体意见。

监理人到场见证时，应仔细观察、检查该质量检验点的实施过程，并在见证表上详细记录，说明见证的建筑物名称、部位、工作内容、工时、质量等情况，并签字。该见证表还可用作承包人进度款支付申请的凭证之一。

2. 待检点

对于某些更为重要的质量检验点，必须要在监理人到场监督、检查的情况下承包人才能进行检验。这种质量检验点称为“待检点”。

例如在混凝土工程中，由基础面或混凝土施工缝处理，模板、钢筋、止水、伸缩缝和坝体排水管及混凝土浇筑等工序构成混凝土单元工程，其中每一道工序都应由监理人进行检查认证，每一道工序检验合格才能进入下一道工序。根据承包人以往的施工情况，有的可能在模板架立上容易发生漏浆或模板走样事故，有的可能在混凝土浇筑方面经常出现问题。此时，就可以选择模板架立或混凝土浇筑作为“待检点”，承包人必须事先书面通知监理人，并在监理人到场进行检查监督的情况下，才能进行施工。

又如在隧洞开挖中，当采用爆破掘进时，钻孔的布置、钻孔的深度、角度、炸药量、填塞深度、起爆间隔时间等爆破要素，对于开挖的效果有很大影响，特别是在遇到有地质构造带如断层、夹层、破碎带的情况下，正确的施工方法以及支护对施工安全关系极大。此时，应该将钻孔的检查和爆破要素的检查，定为“待检点”，每一工序必须要通过监理人的检查确认。

当然，从广义上讲，隐蔽工程覆盖前的验收和混凝土工程开仓前的检验，也可以认为是“待检点”。

“待检点”和“见证点”执行程序的不同，就在于步骤3，即如果在到达待检点时，监理人未能到场，承包人不得进行该项工作，事后监理人应说明未能到场的原因，然后双方约定新的检查时间。

“见证点”和“待检点”的设置，是监理人对工程质量进行检验的一种行之有效的方法。这些检验点应根据承包人的施工技术力量、工程经验、具体的施工条件、环境、材料、机械等各种因素的情况来选定。各承包人的这些因素不同，“见证点”或“待检点”也就不同。有些检验点在施工初期当承包人对施工还不太熟悉、质量还不稳定时可以定为“待检点”。而当施工承包人已熟练地掌握施工过程的内在规律、工程质量较稳定时，又可以改为“见证点”。某些质量控制点，对于这个承包人可能是“待检点”，而对于另一个承包人可能是“见证点”。

四、工序质量的检查

1. 承包人的自检

承包人是施工质量的直接实施者和责任者。监理工程师的质量监督与控制就是使承包单位建立起完善的质量自检体系并运转有效。

承包人应在施工场地设置专门的质量检查机构，配备专职质量检查人员，建立完善的质量检查制度。承包人应按技术标准和要求（合同技术条款）约定的内容和期限，编制工程质量保证措施文件，包括质量检查机构的组织和岗位责任、质量检查人员的组成、质量检查程序和实施细则等，提交监理人审批。监理人应在技术标准和要求（合同技术条款）约定的期限内批复承包人。

承包人完善的自检体系是承包人质量保证体系的重要组成部分，承包人各级质检人员应按照承包人质量保证体系所规定的制度，按班组、值班检验人员、专职质检员逐级进行质量自检，保证生产过程中有合格的质量，发现缺陷及时纠正和返工，把事故消灭在萌芽状态；监理人员应随时监督检查，保证承包人质量保证体系的正常运作，这是施工质量得到保证的重要条件。

承包人应按合同约定对材料、工程设备以及工程的所有部位及施工工艺进行全过程的质量检查和检验，并做详细记录，编制工程质量报表，报送监理人审查。

2. 监理人的检查

监理人的质量检查与验收，是对承包人施工质量的复核与确认；监理人的检查绝不能代替承包人的自检，而且，监理人的检查必须是在承包人自检并确认合格的基础上进行的。专职质检员没检查或检查不合格不能报监理工程师，不符合上述规定，监理工程师一律拒绝进行检查。

监理人的检查和检验，不免除承包人按合同约定应负的责任。

第七节 设备安装过程的质量控制

设备安装要按设计文件实施，要符合有关的技术要求和质量标准。设备安装应从设备开箱起，直至设备的空载试运转，必须带负荷才能试运转的应进行负荷试运转。在安装过程中，监理工程师要做好安装过程的质量监督与控制，对安装过程中每一个单元、分部工程和单位工程进行检查质量验收。

一、设备安装准备阶段的质量控制

1. 严格审核安装作业指导书，优化安装方案

主要机电设备安装项目开工前，安装单位必须编制安装作业指导书供监理工程师审查。一方面，通过审查可以优化安装程序和方案，以免因安装程序和方案不当，造成返工或延误工期；另一方面，安装单位能按审批的安装作业指导书要求进行安装，更好地控制安装质量。安装作业指导书未经监理工程师审批，不允许施工。

2. 认真进行设备开箱验收，发现问题及时处理

设备运抵工地后，由监理、安装、项目法人和设备厂代表进行开箱检查和验收。在开箱检查时，对机电设备的外观进行检查、核对产品型号和参数、检查出厂台格证、出厂试验报告、技术说明书等资料，核对专用工具和备品备件，对缺损件和不合格品进行登记。

3. 加强巡视检查、重点部位和重要试验旁站监理

机电设备的安装工序较多，每道工序一般都不重复，有时 1 天要完成几个工序的安装，因此，监理工程师现场的巡视和跟踪是非常重要的，要掌握第一手资料，及时协调和处理发生的各种问题，使安装工程有序地进行。

二、设备安装过程的质量控制

设备安装过程的检查，包括设备基础、设备就位、设备调平找正、设备复查与二次灌浆。

(一) 设备基础

每台设备都有一个坚固的基础，以承受设备本身的重量和设备运转时产生的振动力和惯性力。若无一定体积的基础来承受这些负荷和抵抗振动，必将影响设备本身的精度和寿命。

根据使用材料的不同，基础分为素混凝土基础和钢筋混凝土基础。素混凝土基础主要用于安装静止设备和振动力不大的设备。钢筋混凝土基础用于安装大型及有振动力的设备。

设备安装就位前，安装单位应对设备基础进行检验，以保证安装工作的顺利进行。一

般是检查基础的外形几何尺寸、位置等。对于大型设备的基础，应审核土建部门提供的预压及沉降观测记录，如无沉降观测记录，应进行基础预压，以免设备在安装后出现基础下沉和倾斜。

设备基础检验包括以下主要内容。

(1) 所在基础表面的模板、露出基础外的钢筋等必须拆除，地脚螺栓孔内模板、碎料及杂物、积水应全部清除干净。

(2) 根据设计图纸要求，检查所有预埋件的数量和位置的正确性。

(3) 设备基础断面尺寸、位置、标高、平正度和质量。

(4) 基础混凝土的强度是否满足设计要求。

(5) 设备基础检查后，如有不合格的应及时处理。

(二) 设备就位

在设备安装中，正确地找出并划定设备安装的基准线，然后根据基准线将设备安放到正确的位置上，包括纵、横向的位置和标高。设备就位前，应将其底座底面的油污、泥土等去掉，需灌浆处的基础或地坪表面应凿成麻面，被油沾污的混凝土应予凿除，否则，灌浆质量无法保证。

设备就位时，一方面要根据基础上的安装基准线；另一方面还要根据设备本身划出的中心线（定位基准线）。为了使设备上的定位基准线对准安装基准线，通常将设备进行微移调整，使其安装过程中所出现的偏差控制在允许范围之内。

设备就位应平稳，防止摇晃位移；对重心较高的设备，应采取措施预防失稳倾覆。

(三) 设备调平找正

设备调平找正主要是使设备通过校正调整达到国家规范所规定的质量标准，分为以下三个步骤。

1. 设备的找正

设备找正找平时也需要相应的基准面和测点。所选择的测点应有足够的代表性。一般情况下对于刚性较大的设备，测点数可较少；对于易变形的设备，测点数应适当增多。

2. 设备的初平

设备的初平是在设备就位找正之后，初步将设备的安装水平调整到接近要求的程度。设备初平常与设备就位结合进行。

3. 设备的精平

设备的精平是对设备进行最后的检查调整。设备的精平在清洗后的精加工面上进行。精平时，设备的地脚螺栓已经灌浆，其混凝土强度不应低于设计强度的70%，地脚螺栓可紧固。

(四) 设备的复查与二次灌浆

每台设备安装定位，找正找平以后，要进行严格的复查工作，使设备的标高、中心和水平螺栓调整垫铁的紧度完全符合技术要求，如果检查结果完全符合安装技术标准，并经监理单位审查合格后，即可进行二次灌浆工作。

三、设备安装的验收

设备转动精度的检查是设备安装质量检查验收的重点和难点。设备运行时是否平稳以及使用寿命的长短，不仅与组成这台机器的单体设备的制造质量有关，而且还与靠联轴器将各单体设备连成一体时的安装质量有关。机器的惯性越大，转速越高，对联轴器安装质量的要求也越高。为了避免设备安装产生的连接误差，许多国外设备的电动机与所驱动的设备被制造成一个整体，共用一个安装底（支）座，各自不再拥有独立的安装底座，从而方便了安装。目前检测联轴器安装精度较先进的仪器有激光对中仪，由于价格较贵，使用范围受限还没有普及，多数设备安装单位使用的仍是百分表、量块。

设备安装质量的另一项重要检测是轴线倾斜度，既两个相连转动设备的同轴度。

在设备安装监理过程中应对安装单位使用测量仪器的精度提出要求和进行检查，在安装过程中对半联轴器的加工精度进行复测，对螺栓的紧固应使用扭力扳手，有条件的最好使用液压扳手。在安装前要求安装单位预先提交检测记录表审核其检测项目有无缺项，允差标准值是否符合规范要求。目的是促使安装单位在安装过程中按照规范要求进行调试，以保证安装精度。

第八节　质量控制实例

一、混凝土工程质量控制

（一）原材料质量控制要点

1. 水泥

（1）水泥品种。承包人应按各建筑物部位施工图纸的要求，配置混凝土所需品种，各种水泥均应符合技术条款指定的国家和行业的现行标准。

大型水工建筑物所用的水泥，可根据具体情况对水泥的矿物成分等提出专门要求。每一工程所用水泥品种以 1～2 种为宜，并宜固定厂家供应。有条件时，应优先采用散装水泥。

（2）运输。运输时，不得受潮和混入杂物。不同品种、标号、出厂日期和出厂编号的水泥应分别运输装卸，并做好明显标志，严防混淆。承包人应采取有效措施防止水泥受潮。

（3）储存。进厂（场）水泥的储放应符合以下规定。

1）散装水泥宜在专用的仓罐中储放。不同品种和标号的水泥不得混仓，并应定期清仓。散装水泥在库内储放时，水泥库的地面和外墙内侧应进行防潮处理。

2）袋装水泥应在库房内储放，库房地面应有防潮措施。库内应保持干燥，防止雨露侵入。袋装水泥的出厂日期不应超过 3 个月，散装水泥不应超过 6 个月，快硬水泥不应超过 1 个月，袋装水泥的堆放高度不得超过 15 袋。

（4）检验。每批水泥均应有厂家的品质试验报告。承包人应按国家和行业的有关规定，对每批水泥进行取样检测，必要时还应进行化学成分分析。检测取样以 200～400t 同品种、同标号水泥为一个取样单位，不足 200t 时也应作为一个取样单位。检测的项目应包括：水泥标号、凝结时间、体积安定性、稠度、细度、比重等试验，监理人认为有必要时，可要求进行水化热试验。

2. 骨料

骨料应根据优质条件、就地取材的原则进行选择。可选用天然骨料、人工骨料，或两者互相补充。混凝土骨料应按监理人批准的料源进行生产，对含有活性成分的骨料必须进行专门的试验论证，并经监理人批准后，方可使用。冲洗、筛分骨料时，应控制好筛分进料量、冲洗水压和用水量、筛网的孔径与倾角等，以保证各级骨料的成品质量符合要求，尽量减少细砂流失。

成品骨料出厂品质检测：细骨料应按同料源每 600～1200t 为一批，检测细度模数、石粉含量（人工砂）、含泥量、泥块含量和含水率；粗骨料应按同料源、同规格碎石每 2000t 为一批，卵石每 1000t 为一批。

（1）骨料的堆存和运输应符合以下要求。

1）堆存骨料的场地，应有良好的排水设施。不同粒径的骨料必须分别堆存，设置隔离设施混杂。

2）应尽量减少转运次数。粒径大于 40mm 的粗骨料的净自由落差不宜大于 3m，超过时应设置缓降设备。

3）骨料堆存时，不宜堆成斜坡或锥体，以防产生分离。骨料储仓应有足够的数量和容积，并应维持一定的堆料厚度。砂仓的容积、数量还应满足砂料脱水的要求。应避免泥土混入骨料和骨料的严重破碎。

（2）细骨料的质量要求规定如下：

1）细骨料的细度模数，应在 2.4～3.0 范围内，测试方法按《水工混凝土试验规程》（DL/T 5150—2001）中第 3.0.1 条进行。

2）砂料应质地坚硬、清洁、级配良好，使用山砂、特细砂应经过试验论证。其他砂的质量要求如含泥量、石粉含量、云母含量、轻物质含量、硫化物及硫酸盐含量、坚固性和密度应满足要求。

（3）粗骨料的质量要求应符合以下规定。

1）粗骨料的最大粒径，不应超过钢筋最小间距的 2/3 和构件断面边长的 1/4 以及素混凝土板厚的 1/2，对少筋或无筋结构，应选用较大的粗骨料粒径。

2）施工中，宜将粗骨料按粒径分成以下几个等级。

当最大粒径为 40mm 时，分成 5～20mm 和 20～40mm 两级。

当最大粒径为 80mm 时，分成 5～20mm、20～40mm 和 40～80mm 三级。

当最大粒径为 150mm（120mm）时，四级配：分成 5～20mm、20～40mm、40～80mm 和 80～150mm（120mm）四级。

采用连续级配或间断级配，应由试验确定并经监理人同意，如采用间断级配，应注意混凝土运输中骨料分离的问题。

其他粗骨料的质量要求如含泥量、坚固性、硫酸盐及硫化物含量、有机质含量、比重、吸水率、针片状颗粒含量等应满足要求。应严格控制各级骨料的超、逊径含量。以原孔筛检验，其控制标准为：超径小于5%，逊径小于10%。当以超、逊径筛检验时，其控制标准为：超径为零，逊径小于2%。

3. 水

(1) 凡适宜饮用的水均可使用，未经处理的工业废水不得使用。拌和用水所含物质不应影响混凝土和易性和混凝土强度的增长，以及引起钢筋和混凝土的腐蚀。水的pH值、不溶物、可溶物、氯化物、硫化物的含量应满足规定。

(2) 检查。拌和及养护混凝土所用的水，除按规定进行水质分析外，应按监理人的指示进行定期检测，在水质改变或对水质有怀疑时，应采取砂浆强度试验法进行检测对比，如果水样制成的砂浆抗压强度，低于原合格水源制成的砂浆28d龄期抗压强度的90%时，该水不能继续使用。

4. 掺合料

为改善混凝土的性能，合理降低水泥用量，宜在混凝土中掺入适量的活性掺合料，掺用部位及最优掺量应通过试验决定。非成品原状粉煤灰的品质指标如下：

(1) 烧失量不得超过12%。

(2) 干灰含水量不得超过1%。

(3) 三氧化硫（水泥和粉煤灰总量中的）不得超过3.5%。

(4) 0.08mm方孔筛筛余量不得超过12%。

5. 外加剂

为改善混凝土的性能，提高混凝土的质量及合理降低水泥用量，必须在混凝土中掺加适量的外加剂，其掺量通过试验确定。拌制混凝土或水泥砂浆常用的外加剂有减水剂、加气剂、缓凝剂、速凝剂和早强剂等。应根据施工需要，对混凝土性能的要求及建筑物所处的环境条件，选择适当的外加剂。有抗冻要求的混凝土必须掺用加气剂，并严格限制水灰比。

使用外加剂时应注意以下几点。

(1) 外加剂必须与水混合配成一定浓度的溶液，各种成分用量应准确。对含有大量固体的外加剂（如含石灰的减水剂），其溶液应通过0.6mm孔眼的筛子过滤。

(2) 外加剂溶液必须搅拌均匀，并定期取有代表性的样品进行鉴定。

6. 钢筋

承包人应负责钢筋材料的采购、运输、验收和保管，并应按合同规定，对钢筋进行进场材质检验和验点入库，监理人认为有必要时，承包人应通知监理人参加检验和验点工作。若承包人要求采用其他种类的钢筋替代施工图纸中规定的钢筋，应将钢筋的替代报送监理人审批。钢筋混凝土结构用的钢筋应符合热轧钢筋主要性能的要求。

每批钢筋均应附有产品质量证明书及出厂检验单，承包人在使用前，应分批进行以下钢筋机械性能试验。

(1) 钢筋分批试验，以同一炉（批）、同一截面尺寸的钢筋为一批，取样的重量不大于60kg。

(2) 根据厂家提供的钢筋质量证明书，检查每批钢筋的外表质量，并测量每批钢筋的代表直径。

(3) 在每批钢筋中，选取经表面质量检查和尺寸测量合格的两根钢筋中各取一个拉力试件（含屈服点、抗拉强度和延伸率试验）和一个冷弯试验，如一组试验项目的一个试件不符合规定数值时，则另取两倍数量的试件，对不合格的项目做第二次试验，如有一个试件不合格，则该批钢筋为不合格产品。

水工结构非预应力混凝土中，不得使用冷拉钢筋，因为冷拉钢筋一般不作为受压筋。钢筋的表面应洁净无损伤，油漆污染和铁锈等应在使用前清除干净。带有颗粒状或片状老锈的钢筋不得使用。

(二) 混凝土配合比

各种不同类型结构物的混凝土配合比必须通过试验选定。混凝土配合比试验前，承包人应将各种配合比试验的配料及其拌和、制模和养护等的配合比试验计划报送监理人。

混凝土的水灰比应以骨料在饱和面干状态下的混凝土单位用水量对单位胶凝材料用量的比值为准，单位胶凝材料用量为每立方米混凝土中水泥与混合材重量的总和。

配合比的设计应注意以下几点。

(1) 承包人应按施工图纸的要求和监理人的指示，通过室内试验成果进行混凝土配合比设计，并报送监理人审批。

(2) 水工混凝土水灰比最大允许值根据部位和地区的不同，应满足相应的规定，并不超过表3-4中的规定。

表3-4　　水灰比最大允许值

混凝土所在部位	寒冷地区	温和地区
上、下游水位以上（坝体外部）	0.60	0.65
上、下游水位变化区（坝体外部）	0.50	0.55
上、下游最低水位以下（坝体外部）	0.55	0.60
基础	0.55	0.60
内部	0.70	0.70
受水流冲刷部位	0.50	0.50

注 1. 在环境水有侵蚀的情况下，外部水位变化区及水下混凝土的水灰比最大允许值应减0.05。
2. 在采用减水剂和加气剂的情况下，经过试验论证，内部混凝土的水灰比最大允许值可增加0.05。
3. 寒冷地区系指最冷月月平均气温在−3℃以下的地区。
4. 配合比调整：在施工过程中，承包人需要改变监理人批准的混凝土配合比，必须重新得到监理人批准。

(三) 混凝土拌和的质量控制

承包人拌制现场浇筑混凝土时，必须严格遵照承包人现场试验室提供并经监理人批准的混凝土配料单进行配料，严禁擅自更改配料单。除合同另有规定外，承包人应采用固定拌和设备，设备生产率必须满足本工程高峰浇筑强度的要求，所有的称量、指示、记录及控制设备都应有防尘措施，设备称量应准确，其偏差量应不超过规定，承包人应按监理人的指示定期校核称量设备的精度。拌和设备安装完毕后，承包人应会同监理人进行设备运行操作检验。

对于混凝土拌和质量检查，应检查以下项目。

（1）水泥、外加剂符合国家标准；混凝土拌和时间应通过试验决定，表3-5中的拌和时间可参考使用；混凝土强度保证率大于等于80%，混凝土抗冻、抗渗标号符合设计要求。

表3-5　混凝土纯拌和时间

拌和机进料容量（m^3）	最大骨料粒径（mm）	坍落度（cm）		
		2～5	5～8	>8
1.0	80	—	2.5	2.0
1.6	150（或120）	2.5	2.0	2.0
2.4	150	2.5	2.0	2.0
5.0	150	3.5	3.0	2.5

注　1. 入机拌和量不应超过拌和机容量的10%。
2. 掺加混合材、加气剂、减水剂及加冰时，宜延长拌和时间，出机料不应有冰块。

（2）混凝土坍落度、拌和物均匀性、抗压强度最小值、混凝土离差系数满足质量标准。

（3）水泥、混合材、砂、石、水的称量在其允许偏差范围之内，不应超过表3-6的规定。

在混凝土拌和过程中，应采取措施保持砂、石、骨料含水率稳定，砂子含水率应控制在6%以内。掺有掺合料（如粉煤灰等）的混凝土进行拌和时，掺合料可以湿掺也可以干掺，但应保证掺和均匀。

混凝土拌和均匀性检测应注意以下几点。

（1）承包人应按监理人指示，并会同监理人对混凝土拌和均匀性进行检测。

（2）定时在出机口对一盘混凝土按出料先后各取一个试样（每个试样不少于30kg），以测量砂浆密度，其差值不应大于30kg/m^3。

坍落度的检测：按施工图纸的规定和监理人的指示，每班应进行现场混凝土坍落度的检测，出机口应检测4次，仓面应检测2次。混凝土的坍落度，由根据建筑物的性质、钢筋含量、混凝土的运输、浇筑方法和气候条件决定，尽可能采用小的坍落度。混凝土在浇筑地点的坍落度可参照表3-7的规定。

表3-6　混凝土各组分称量的允许偏差

材料名称	允许偏差
水泥、掺合料	±1%
砂、石	±2%
水、片冰、外加剂溶液	±1%

表3-7　混凝土浇筑地点坍落度

建筑物性质	标准圆锥坍落度（cm）
水工素混凝土或少钢筋混凝土	1～4
配筋率不超过1%的钢筋混凝土	3～6
配筋率超过1%的钢筋混凝土	5～9

注　有温控要求或在低温季节浇混凝土时，混凝土的坍落度可根据情况酌情增减。

(四)混凝土的运输

混凝土出拌和机后,应迅速运达浇筑地点,运输中不应有分离、漏浆和严重泌水现象。混凝土入仓时,应防止离析,最大骨料粒径150mm的四级配混凝土自由下落的垂直落距不应大于1.5m,骨料粒径小于80mm的三级配混凝土其垂直落距不应大于2m。

混凝土运至浇筑地点,应符合浇筑时规定的坍落度,当有离析现象时,必须在浇筑前进行二次搅拌。混凝土在运输过程中,应尽量缩短运输时间及减少转运次数。因故停歇过久,混凝土产生初凝时,应作废料处理。在任何情况下,严禁中途加水后运入仓内。

(五)混凝土浇筑

任何部位混凝土开始浇筑前,承包人必须通知监理人对浇筑部位的准备工作进行检查。检查内容包括:地基处理、已浇筑混凝土面的清理以及模板、钢筋、插筋、冷却系统、灌浆系统、预埋件、止水和观测仪器等设施埋设和安装等,经监理人检验合格后,方可进行混凝土浇筑。任何部位混凝土开始浇筑前,承包人应将该部位的混凝土浇筑的配料单提交监理人进行审核,经监理人同意后,方可进行混凝土的浇筑。

1. 基础面混凝土浇筑

(1)建筑物建基面必须验收合格后,方可进行混凝土浇筑。

(2)岩基上的杂物、泥土及松动岩石均应清除,应冲洗干净并排干积水,如遇有承压水,承包人应指定引排措施和方法报监理人批准,处理完毕,并经监理人认可后,方可浇筑混凝土。清洗后的基岩面在混凝土浇筑前应保持洁净和湿润。

(3)易风化的岩基础及软基,在立模扎筋前应处理好地基临时保护层;在软基上进行操作时,应力求避免破坏或扰动原状土壤;当地基为湿陷性黄土时应按监理人指示采取专门的处理措施。

(4)基岩面浇筑仓,在浇筑第一层混凝土前,必须先铺一层2~3cm的水泥砂浆,砂浆水灰比应与混凝土浇筑强度相适应,铺设施工工艺应保证混凝土与基岩结合良好。

2. 混凝土的浇筑层厚度

混凝土的浇筑层厚度,应根据拌和能力、运输距离、浇筑速度、气温及振捣器的性能等因素确定。一般情况下,浇筑层的允许最大厚度,不应超过表3-8规定的数值;如采用低流态混凝土及大型强力振捣设备时,其浇筑层厚度应根据试验确定。

表3-8　混凝土浇筑层的允许最大厚度

项次	振捣器类别		浇筑层的允许最大厚度
1	插入式振捣器	电动、风动振捣器	振捣器工作长度的0.8倍
		软轴振捣器	振捣器头长度的1.25倍
2	表面振捣器	在无筋和单层钢筋结构中	250mm
		在双层钢筋结构中	120mm

3. 浇筑层施工缝面的处理

在浇筑分层的上层混凝土层浇筑前,应对下层混凝土的施工缝面,按监理人批准的方法进行冲毛或凿毛处理。

4. 浇入仓内的混凝土应随浇随平仓，不得堆积

仓内若有粗骨料堆叠时，应均匀地分布于砂浆较多处，但不得用水泥砂浆覆盖，以免造成内部蜂窝。不合格的混凝土严禁入仓，已入仓的不合格混凝土必须清除，并按规定弃置在指定地点。浇筑混凝土时，严禁在仓内加水。如发现混凝土的和易性较差，应采取较强振捣等措施，以保证质量。

5. 施工中严格进行温度控制，是防止混凝土裂缝的主要措施

要防止大体积混凝土结构中产生裂缝，就要降低混凝土的温度应力，这就必须减少浇筑后混凝土的内外温差。为此应优先选用水化热低的水泥，掺入适量的粉煤灰，降低浇筑速度和减少浇筑厚度，浇筑后宜进行测温，采用一定的降温措施，控制内外温差不超过25℃，必要时，经过计算和取得设计单位同意后可留施工缝分层浇筑。

6. 施工缝留设

混凝土结构多要求整体浇筑，如因技术或组织上的问题不能连续浇筑时，且停留时间有可能超过混凝土的初凝时间，则应事先确定在适当的位置设置施工缝。由于混凝土的抗拉强度约为其抗压强度的1/10，因而施工缝是结构中的薄弱环节，宜设置在结构剪力较小而且施工方便的部位。对于其上有巨大荷载，整体性要求高，往往不允许留施工缝，要求一次性连续浇筑完毕。

（六）混凝土质量取样和检验

（1）现场混凝土质量检查以抗压强度为主，并以150mm立方体试件的抗压强度为标准。

（2）同一强度等级混凝土试件取样数量应符合以下规定。

1）抗压强度。大体积混凝土：28d龄期，每500m^2成型一组；设计龄期，每1000m^3成型一组；非大体积混凝土：28d龄期，每100m^2成型一组；设计龄期，每200m^3成型一组。

2）抗拉强度。对于28d龄期每2000m^3成型一组；设计龄期每3000m^3成型一组。

3）抗冻、抗渗或其他主要特殊要求应在中适当取样检验，其数量可按每季度施工的主要部位取样成型一至二组。

（3）混凝土试件以出机口随机取样为主，每组混凝土的三个试件应在同一储料斗或运输车箱内的混凝土中取样制作。浇筑地点试件取样数量宜为机口取样数量的10%，并按以下规定确定其强度代表值。

1）以每组三个试件的算数平均值为该组试件的强度代表值。

2）当一组试件中强度的最大值或最小值与中间值之差超过15%时，取中间值作为该组试件的强度代表值。

3）当一组试件中强度的最大值或最小值与中间值之差均超过15%时，该组试件的强度不作为评定依据。

（4）混凝土强度的检验评定：验收批混凝土强度平均值和最小值应同时满足以下要求。

$$m_{f_{cu}} \geqslant f_{cu,k} + Kt\sigma_0 \tag{3-1}$$

$$f_{cu,\min} \geqslant 0.85 f_{cu,k}(\text{设计强度} \leqslant \text{C20}) \tag{3-2}$$

$$f_{cu,\min} \geqslant 0.90 f_{cu,k}(\text{设计强度} > \text{C20}) \tag{3-3}$$

式中 $m_{f_{cu}}$——同一验收批混凝土立方体抗压强度的平均值，MPa；

$f_{cu,k}$——混凝土立方体抗压强度标准值，MPa；

σ_0——验收批混凝土立方体抗压强度标准差，MPa；

$f_{cu,\min}$——同一验收批混凝土立方体抗压强度最小值，MPa；

K——合格判定系数，根据验收批统计组数 n 值，按表 3-9 选取；

t——概率度系数。

表 3-9　合格判定系数 K 值表

n	2	3	4	5	6～10	11～15	16～25	>25
k	0.71	0.58	0.50	0.45	0.36	0.28	0.23	0.20

注 1. 同一验收批混凝土，应由强度标准相同、配合比和生产工艺基本相同的混凝土组成，对现浇混凝土宜按单位工程的验收项目或按月划分验收批。

2. 验收批混凝土强度标准差 σ_0 计算值小于 $0.06f_{cu,k}$ 时，应取 $\sigma_0=0.06f_{cu,k}$。

(5) 检验和质量评定中统计量计算。

1) 混凝土平均强度（$m_{f_{cu}}$）按式（3-4）确定

$$m_{f_{cu}} = \frac{\sum_{i=1}^{n} f_{cu,i}}{n} \tag{3-4}$$

式中 $m_{f_{cu}}$——同一验收批混凝土立方体抗压强度的平均值，MPa；

$f_{cu,i}$——第 i 组试件的强度值，MPa；

n——试件的组数。

2) 混凝土强度标准差（σ）和强度不低于设计强度标准值的百分率（P_s），按式（3-5）和式（3-6）计算。

标准差

$$\sigma = \sqrt{\frac{\sum_{i=1}^{n} f_{cu,i}^2 - n m_{f_{cu}}^2}{n-1}} \tag{3-5}$$

百分率

$$P_s = \frac{n_0}{n} \times 100\% \tag{3-6}$$

式中 $f_{cu,i}$——统计周期内第 i 组混凝土试件的强度值，MPa；

n——统计周期内相同强度标准值的混凝土试件的组数；

$m_{f_{cu}}$——统计周期内 n 组混凝土试件的强度平均值，MPa；

n_0——统计周期内试件强度不低于要求强度标准值的组数。

验收批混凝土强度标准差 σ_0 的计算公式和 σ 计算公式相同。

3) 强度保证率 P。

计算概率度系数 t

$$t = \frac{m_{f_{cu}} - f_{cu,k}}{\sigma} \tag{3-7}$$

式中 t——概率度系数；

$m_{f_{cu}}$——混凝土试件的强度平均值，MPa；

$f_{cu,k}$——混凝土设计强度标准值，MPa；

σ——混凝土强度标准差，MPa。

保证率 P 和概率度系数 t 的关系可由表 3-10 查得。

表 3-10　　保证率和概率度系数关系

保证率 P (%)	65.5	69.2	72.5	75.8	78.8	80.0	82.9	85.0	90.0	93.3	95.0	97.7	99.9
概率度系数 t	0.40	0.50	0.60	0.70	0.80	0.84	0.95	1.04	1.28	1.50	1.65	2.0	3.0

4）盘内混凝土变异系数（δ_b）按式（3-8）确定

$$\delta_b = \frac{\sigma_b}{m_{f_{cu}}} \tag{3-8}$$

二、土石方开挖质量控制

（一）土石方明挖

土方是指人工填土、表土、黄土、砂土、淤泥、黏土、砾质土、砂砾石、松散的坍塌体及软弱的全风化岩石，以及不大于 $0.7m^3$ 的孤石和岩块等，无需采用爆破技术而可直接使用手工工具或土方机械开挖的全部材料。

在水利工程施工中，明挖主要是建筑物基础、导流渠道、溢洪道和引航道（枢纽工程具有通航功能时）、地下建筑物的进、出口等部位的露天开挖，为开挖工程的主体。明挖的施工部署也关系着工程全局，极为重要。依据工程地形特征，明挖的施工部署大体可考虑分为两种类型：一为工程规模大而开挖场面宽广，地形相对平坦，适宜于大型机械化施工，可以达到较高的强度，如葛洲坝工程和长江三峡工程；二为工程规模虽不很大，而工程处于高山峡谷之中，不利于机械作业，只能依靠提高施工技术，才能克服困难，顺利完成。

1. 施工方法选择应注意问题

土石方工程施工方案的选择必须依据施工条件、施工要求和经济效果等进行综合考虑，具体因素有以下几个方面。

（1）土质情况。必须弄清土质类别，是黏性土、非黏性土或岩石，以及密实程度、块体大小、岩石坚硬性、风化破碎情况。

（2）施工地区的地势地形情况和气候条件，距重要建筑物或居民区的远近。

（3）工程情况。工程规模大小、工程数量和施工强度、工作场面大小、施工期长短等。

（4）道路交通条件。修建道路的难易程度、运输距离远近。

(5) 工程质量要求。主要决定于施工对象，如坝、电站厂房及其他重要建筑物的基础开挖、填筑应严格控制质量。通航建筑物的引航道应控制边坡不被破坏，不引起塌方或滑坡。对一般场地平整的挖填有时是无质量要求的。

(6) 机械设备。主要指设备供应或取得的难易、机械运转的可靠程度、维修条件与能力。对小型工程或施工时间不长时，为减少机械购置费用，可用原有的设备。但旧机械完好率低、故障多，工作效率必然较低，配置的机械数量应大于需要的量，以补偿其不足。工程数量巨大、施工期限很长的大型工程，应该采用技术性能好的新机械，虽然机械购置费用较多，但新机械完好率高，生产率亦高，生产能力强，可保证工程顺利进行。

(7) 经济指标。当几个方案或施工方法均能满足工程施工要求时，一般应以完成工程施工所花费用低者为最好。有时，为了争取提前发电，经过经济比较后，也可选用工期短费用较高的施工方案

2. 开挖中应注意的问题

(1) 土方明挖。监理人应对开挖过程进行连续的监督检查，对开挖质量进行控制，在开挖过程中应注意以下问题。

1) 除另有规定外，所有主体工程建筑物的基础开挖均应在旱地进行；在雨季施工时，应有保证基础工程质量和安全施工的技术措施，有效防止雨水冲刷边坡和侵蚀地基土壤。

2) 监理人有权随时抽验开挖平面位置、水平标高、开挖坡度等是否符合施工图纸的要求，或与承包人联合进行核测。

3) 主体工程临时边坡的开挖，应按施工图纸所示或监理人的指示进行开挖；对承包人自行确定边坡坡度、且时间保留较长的临时边坡，经监理人检查认为存在不安全因素时，承包人应进行补充开挖或采取保护措施，但承包人不得因此要求增加额外费用。

(2) 石方明挖。

1) 边坡开挖。边坡开挖前，承包人应详细调查边坡岩石的稳定性，包括设计开挖线外对施工有影响的坡面和岸坡等；设计开挖线以内有不安全因素的边坡，必须进行处理和采取相应的防护措施，山坡上所有危石及不稳定岩体均应撬挖排除，如少量岩块撬挖确有困难，经监理人同意可用浅孔微量炸药爆破。

开挖应自上而下进行，高度较大的边坡，应分梯段开挖，河床部位开挖深度较大时，应采用分层开挖方法，梯段（或分层）的高度应根据爆破方式（如预裂爆破或光面爆破）、施工机械性能及开挖区布置等因素确定。垂直边坡梯段高度一般不大于10m，严禁采取自下而上的开挖方式。

随着开挖高程下降，应及时对坡面进行测量检查以防止偏离设计开挖线，避免在形成高边坡后再进行处理。

对于边坡开挖出露的软弱岩层及破碎带等不稳定岩体的处理质量，必须按施工图纸和监理人的指示进行处理，并采取排水或堵水等措施，经监理人复查确认安全后，才能继续向下开挖。

2) 基础开挖。除经监理人专门批准的特殊部位开挖外，永久建筑物的基础开挖均应在旱地中施工。

承包人必须采取措施避免基岩面出现爆破裂隙，或使原有构造裂隙和岩体的自然状态产生不应有的恶化。

邻近水平建基面，应预留岩体保护层，其保护层的厚度应由现场爆破试验确定，并应采用小炮分层爆破的开挖方法。若采用其他开挖方法，必须通过试验证明可行，并经监理人批准。基础开挖后表面因爆破震松（裂）的岩石，表面呈薄片状和尖角状突出的岩石，以及裂隙发育或具有水平裂隙的岩石均需采用人工清理，如单块过大，亦可用单孔小炮和火雷管爆破。

开挖后的岩石表面应干净、粗糙。岩石中的断层、裂隙、软弱夹层应被清除到施工图纸规定的深度。岩石表面应无积水或流水，所有松散岩石均应予以清除。建基面岩石的完整性和力学强度应满足施工图纸的规定。

基础开挖后，如基岩表面发现原设计未勘查到的基础缺陷，则承包人必须按监理的指示进行处理，包括（但不限于）增加开挖、回填混凝土塞、或埋设灌浆管等，监理人认为有必要时，可要求承包人进行基础的补充勘探工作。进行上述额外工作所增加的费用由发包人承担。

建基面上不得有反坡、倒悬坡、陡坎尖角；结构面上的泥土、锈斑、钙膜、破碎和松动岩块以及不符合质量要求的岩体等均必须采用人工清除或处理。

坝基不允许欠挖，开挖面应严格控制平整度。为确保坝体的稳定，坝基不允许开挖成向下游倾斜的顺坡。

在工程实施过程中，依据基础石方开挖揭示的地质特性，需要对施工图纸作必要的修改时，承包人应按监理人签发的设计修改图执行，涉及变更应按合同相关规定办理。

3. 开挖质量的检查和验收

（1）土方开挖质量的检查和验收。土方明挖工程完成后，承包人应会同监理人进行以下各项的质量检查和验收。

1）地基无树根、草皮、乱石；坟墓，水井泉眼已处理，地质符合设计要求。

2）取样检测基础土的物理性能指标，要符合设计要求。

3）岸坡的清理坡度符合设计要求。

4）坑（槽）的长或宽、底部标高、垂直或斜面平整度满足设计要求，在允许偏差范围内。

（2）石方明挖的质量检查和验收。

1）边坡质量检查和验收。对于岩石边坡开挖后，应进行以下项目的检查：保护层的开挖；布孔是否是浅孔、密孔、少药量、火炮爆破；岸坡平均坡度应不大于设计坡度；开挖坡面应稳定，无松动岩块。

2）岩石基础检查和验收。承包人应会同监理人进行以下各款所列项目的质量检查和验收：保护层的开挖；布孔是否是浅孔、密孔、少药量、火炮爆破；建基面无松动岩块，无爆破影响裂隙；断层及裂隙密集带，按规定挖槽，槽深为宽度的 1～1.5 倍，规模较大时，按设计要求处理；多组切割的不稳定岩体和岩溶洞穴，按设计要求处理；对于软弱夹层，厚度大于 5cm 者，挖至新鲜岩层或设计规定的深度；对于夹泥裂隙，挖 1～1.5 倍断层宽度，清除夹泥，或按设计要求进行处理；坑（槽）长、宽，底部标高，垂直或斜面平整度应满足设计要求，在允许偏差范围内。

（二）地下洞室开挖

地下洞室开挖，其内容包括隧洞、斜井、竖井、大跨度洞室等地下工程的开挖，以及已建地下洞室的扩大开挖等。这里只适用于钻爆法开挖，不适用于掘进机施工。承包人应全面掌握本工程地下洞室地质条件，按施工图纸、监理人指示和技术条款规定进行地下洞室的开挖施工。其开挖工作内容包括准备工作、洞线测量、施工期排水、照明和通风、钻孔爆破、围岩监测、塌方处理、完工验收前的维护，以及将开挖石渣运至指定地区堆存和废渣处理等工作。

1. 准备工作

在地下工程开挖前，承包人应根据施工图纸和技术条款的规定，提交施工措施计划、钻孔和爆破作业计划，报监理人审批。地下洞室开挖前，承包人应会同监理人进行地下洞室测量放样成果的检查，并对地下洞室洞口边坡的安全清理质量进行检查和验收。

2. 钻孔爆破的设计和试验

（1）地下洞室的爆破应进行专门的钻孔爆破设计。

（2）地下洞室的开挖应采用光面爆破和预裂爆破技术，其爆破的主要参数应通过试验确定，光面爆破和预裂爆破试验采用的参数可参照有关规范选用。

（3）承包人应选用岩类相似的试验洞段进行光面爆破和预裂爆破试验，以选择爆破材料和爆破参数，并将试验成果报送监理人。

3. 开挖

（1）洞口开挖。洞口掘进前，应仔细勘察山坡岩石的稳定性，并按监理人的指示，对危险部位进行处理和支护。

洞口削坡应自上而下进行，严禁上下垂直作业。同时应做好危石清理，坡面加固，马道开挖及排水等工作。

进洞前，须对洞脸岩体进行鉴定，确认稳定或采取措施后，方可开挖洞口；洞口一般应设置防护棚，必要时，还应在洞脸上部加设挡石栅栏。

（2）平洞开挖。平洞开挖的方法应在保证安全和质量的前提下，根据围岩类别、断面尺寸、支护方式、工期要求、施工机械化程度和施工技术水平等因素选定。有条件时，应优先采用全断面开挖方法。

根据围岩情况、断面大小和钻孔机械、辅助工种配合情况等条件，选择最优循环进尺。

（3）竖井和斜井的开挖。竖井与斜井的开挖方法，可根据其断面尺寸、深度、倾角、围岩特性及施工设备等条件选定。

竖井一般开挖方法有：自上而下全断面开挖方法和贯通导井后，自上而下进行扩大开挖方法；在Ⅰ、Ⅱ类围岩中开挖小断面的竖井，挖通导井后亦可采用留渣法蹬渣作业，自下而上扩大开挖，最后随出渣随锚固井壁。

4. 支护

需要支护的地段，应根据地质条件、洞室结构、断面尺寸、开挖方法、围岩暴露时间等因素，作出支护设计。除特殊地段外，应优先采用喷锚支护。采用喷锚支护时，应检查锚杆、钢筋网和喷射混凝土质量。

（1）锚杆材质和砂浆标号符合设计要求；砂浆锚杆抗拔力、预应力锚杆张拉力符合设计和规范要求；锚孔无岩粉和积水，孔位偏差、孔深偏差和孔轴方向符合要求。钢筋材质、规格和尺寸符合设计要求；钢筋网和基岩面距离满足质量要求；钢筋绑扎牢固。

（2）喷射混凝土抗压强度保证率85%及以上；喷混凝土性能符合设计要求；喷混凝土厚度满足质量要求；喷层均匀性、整体性、密实情况要满足质量要求；喷层养护满足质量要求。

（3）贯通误差。对于地下洞室的开挖，其贯通测量容许极限误差应满足表3－11的要求。

5. 质量检查及验收

表3－11　贯通测量容许极限误差值

相向开挖长度（km）		<4	>4
贯通极限误差	横向的（cm）	±10	±15
	纵向的（cm）	±20	±30
	竖向的（cm）	±5	±7.5

承包人应按合同的有关规定，做好地下工程施工现场的粉尘、噪声和有害气体的安全防护工作，以及定时定点进行相应的监测，并及时向监理人报告监测数据。工作场地内的有害成分含量必须符合国家劳动保护法规的有关规定。

承包人应对地下洞室开挖的施工安全负责。在开挖过程中应按施工图纸和合同规定，做好围岩稳定的安全保护工作，防止洞（井）口及洞室发生塌方、掉块危及人员安全。开挖过程中，由于施工措施不当而发生山坡、洞口或洞室内塌方，引起工程量增加或工期延误，以及造成人员伤亡和财产损失，均应由承包人负责。

隧洞开挖过程中，承包人应会同监理人定期检测隧洞中心线的定线误差。

隧洞开挖完毕后，对于开挖质量应进行以下各项的检查。

（1）开挖岩面无松动岩块、小块悬挂体。

（2）如有地质弱面，对其处理符合设计要求。

（3）洞室轴线符合规范要求。

（4）底部标高、径向、侧墙、开挖面平整度在设计允许偏差范围内。

三、土石方回填质量控制

在水利水电工程中，土石方填筑主要包括基础和岸坡处理、土石料以及填筑的质量控制。这里，土石方填筑是指施工图纸所示的碾压式的土坝（堤）、土石坝、堆石坝等的坝体，以及土石围堰堰体和其他填筑工程的施工。

（一）坝基与岸坡处理

坝基与岸坡处理系属隐蔽工程，直接影响坝的安全，一旦发生事故，较难补救，因此，必须按设计要求认真施工。施工单位应根据设计要求，充分研究工程地质和水文地质资料，借以制定有关技术措施。对于缺少或遗漏的部分，应会同设计单位补充勘探和试验。坝基和岸坡处理过程中，如发现新的地质问题或检验结果与勘探有较大出入时，勘测设计单位应补充勘探，并提出新的设计，与施工单位共同研究处理措施。对于重大的设计修改，应按程序报请上级单位批准后执行。

进行坝基及岸坡处理时，主要进行以下检查及检验。

1. 坝基及岸坡清理工序

(1) 检查树木、草皮、树根、乱石、坟墓以及各种建筑物是否已全部清除；水井、泉眼、地道、洞穴等是否已经按设计处理。

(2) 检查粉土、细砂、淤泥、腐殖土、泥炭是否已全部清楚，对风化岩石、坡积物、残积物、滑坡体等是否已按设计要求处理。

(3) 地质探孔、竖井、平洞、试坑的处理是否符合设计要求。

(4) 长、宽是否在允许偏差范围内；清理边坡应不陡于设计边坡。

2. 坝基及岸坡地质构造处理

(1) 岩石节理、裂隙、断层或构造破碎带是否已按设计要求进行处理。

(2) 地质构造处理的灌浆工程符合设计要求和《水工建筑物水泥灌浆施工技术规范》(SL 62—94) 的规定。

(3) 岩石裂隙与节理处理方法符合设计，节理、裂隙内的充填物冲洗干净，回填水泥浆、水泥砂浆、混凝土饱满密实。

(4) 进行断层或破碎带的处理，开挖宽度、深度符合设计要求，边坡稳定，回填混凝土密实，无深层裂缝，蜂窝麻面面积不大于 0.5%，蜂窝进行处理。

3. 坝基及岸坡渗水处理

(1) 渗水已妥善排堵，基坑中无积水。

(2) 经过处理的坝基及岸坡渗水，在回填土或浇筑混凝土范围内水源基本切断，无积水，无明流。

(二) 填筑材料

1. 料场复查与规划

承包人应根据工程所需各种土石料的使用要求，对合同指定的土石料场进行复勘核查，复查包括以下内容。

(1) 土石坝坝体等填筑体采用的各种土料和石料的开采范围和数量。

(2) 土料场开采区表土开挖厚度及有效开采层厚度；石料场的剥离层厚度、有效开采层厚度和软弱夹层分布情况。

(3) 根据施工图纸要求对土石料进行物理力学性能复核试验。

(4) 土石料场的开采、加工、储存和装运。

承包人应根据合同提供的和承包人在料场复查中获得的料场地形、地质、水文气象、交通道路、开采条件和料场特性等各项资料以及监理人批准的施工措施计划，对各种用料进行统一规划，并提出料场规划报告报送监理人审批。料场规划报告应包括以下内容。

(1) 开采工作面的划分，以及开采区的供电系统、排水系统、堆料场、各种用料加工场、运输线路、装料站、弃渣场以及备用料源开采区等的布置设计。

(2) 上述各系统和场站所需各项设备和设施的配置。

(3) 料场的分期用地计划（包括用地数量和使用时间）。

料场规划应遵循以下原则。

(1) 料场可开采量（自然方）与坝体填筑量的比值：堆石料为1.1～1.4；砂砾石料，水上为1.5～2.0，水下为2.0～2.5。

(2) 爆破工作面规划应与料场道路规划结合进行，并应满足不同施工时段填筑强度需要。

(3) 主堆石坝料的开采，宜选择运距较短、储量较大和便于高强度开采的料场，以保证坝体填筑的高峰用量。

(4) 充分利用枢纽建筑物的开挖料。开挖时宜采用控制爆破方法，以获得满足设计级配要求的坝料，并做到“计划开挖、分类堆存”。

2. 开采

承包人必须按监理人批准的料场开采范围和开采方法进行开采；土料开采应采用立采（或平采）的开采方法；石料应采用台阶法钻孔爆破分层开采的施工方法。

土料的开采应注意以下问题。

(1) 风化料开采过程中，应使表层坡残积土与其下层的土状和碎块状全风化岩石均匀混合，并使风化岩块通过开采过程得到初步破碎。

(2) 除专为心墙、斜墙的基础接触带开采的纯黏土外，在风化土料开采过程中，不应将土料和风化岩石分别堆放。

(3) 用于坝体反滤层、垫层、过渡层、混凝土和灌浆工程中的砂砾料，应按不同使用要求，进行开挖、筛分、冲洗和分类堆存。

石料开采时应注意以下问题。

(1) 石料开采前，应按批准的料场开采规划和作业措施，进行表土和作业措施，进行表土和覆盖层的剥离至可用石层为止。剥离的表层有机土壤和废土应按规定运往指定地点堆放。

(2) 在开采过程中，遇有比较集中的软弱带时，应按监理人的指示予以清除，严禁在可利用料内混杂废渣料。可利用料和废渣料均应分别运至指定的存料场堆放。

(3) 开采出的石料，颗粒级配必须符合施工图纸和技术条款的要求，超径部分应进行二次破碎处理。

(4) 堆料场的石料应分层存放，分层取用，严防颗粒分离。如已发生分离现象，承包人应重新将其混合均匀，且不得向发包人另行要求增加费用。

3. 制备和加工

承包人应按批准的施工措施以及现场生产性试验确定的参数进行坝料制备和加工。

4. 运输

(1) 土料运输应与料场开采、装料和坝面卸料、铺料等工序持续和连贯进行，以免周转过多而导致含水量的过大变化。

(2) 反滤料运输及卸料过程中，承包人应采取措施防止颗粒分离。运输过程中反滤料应保持湿润，卸料高度应加以限制。

(3) 监理人认为不合格的土料、反滤料（含垫层料、过渡料）或堆石料，一律不得上坝。

5. 填筑材料的质量检查

料场质量控制应按设计要求与本规范有关规定进行，主要包括以下内容。

(1) 是否在规定的料区范围内开采，是否已将草皮、覆盖层等清除干净。

(2) 开采、坝料加工方法是否符合有关规定。

(3) 排水系统、防雨措施、负温下施工措施是否完善。

(4) 坝料性质、含水量（指黏性土料、砾质土）是否符合规定。

设计应对各种填筑材料提出一些易于现场鉴别的控制指标与项目，具体见表3-12。其每班试验次数可根据现场情况确定。试验方法应以目测、手试为主，并取一定数量的代表样进行试验。

表3-12 填筑材料控制指标

坝料类别	控制项目与指标	备注
黏性土	含水量上、下限值	
	黏粒含量下限值	
砾质土	允许最大粒径	
	含水量上、下限值；砾石含量上、下限值	
反滤料	级配；含泥量上限值；风化软弱颗粒含量	
过渡料	允许最大粒径；含泥量	
坝壳砾质土	小于5mm含量的上、下限值；含水量的上、下限值	
坝壳砂砾料	含泥量及砾石含量	
堆石	允许最大块径；小于5mm粒径含量；风化软弱颗粒含量	

(三) 填筑

施工过程中承包人应会同监理人定期进行以下各项目的检查。

1. 土料填筑

在施工过程中，进行土料填筑时，主要检验和检查项目如下：

(1) 土料铺筑，含水率适中，无不合格土，铺土均匀，铺土厚度满足设计要求，表面平整，无土块，无粗料集中，铺料边线整齐。

(2) 上、下层铺土之间的结合处理，砂砾及其他杂物清除干净，表面刨毛，保持湿润。

(3) 土料碾压，无漏压、欠压，表面平整，无弹簧土，起皮，脱空或剪力破坏现象，压实指标满足设计干密度的要求。

(4) 接合面处理，进行削坡，湿润，刨毛处理，搭接无界。

2. 堆石体填筑

进行堆石体填筑时，主要检验和检查项目如下：

(1) 填筑材料符合 SL 62—94 和设计要求。

(2) 每层填筑应在前一填筑层验收合格后才能进行。

(3) 按选定的碾压参数进行施工；铺筑厚度不得超后、超径；含泥量、洒水量符合规范和设计要求。

(4) 材料的纵横向结合部位符合 SL 62—94 和设计要求；与岸坡结合处的料物不得分离、架空，对边角加强压实。

(5) 填筑层铺料厚度、压实后的厚度满足要求（每层应有不小于 90%或 95%的测点达到规定的铺料厚度）。

(6) 堆石填筑层面基本平整，分区能基本均衡上升，大粒径料无较大面积集中现象。

(7) 分层压实的干密度合格率满足要求（检测点的合格率不小于 90%或 95%，不合格值不得小于设计干密度的 0.98）。

思 考 题

3-1 施工阶段质量控制的依据有哪些？

3-2 施工阶段质量控制的方法有哪些？

3-3 简述合同项目质量控制程序。

3-4 分别简述合同项目和单位工程开工条件审查的主要内容。

3-5 试述原材料质量控制的工作流程。

3-6 监理人应该怎样控制工程设备的质量？

3-7 什么叫质量控制点？如何区分见证点和待检点？

第四章　工程质量评定、验收和保修期质量控制

第一节　工 程 质 量 评 定

工程质量评定是依据某一质量评定的标准和方法，对照施工质量的具体情况，确定质量等级的过程。为了提高水利水电工程的施工质量水平，保证工程质量符合设计和合同条款的规定，同时也是为了衡量施工单位的施工质量水平，全面评价工程的施工质量，对水利水电工程进行评优和创优工作，在工程交工和正式验收前，应按照合同要求和国家有关的工程质量评定标准和规定，对工程质量进行评定，以鉴定工程是否达到合同要求，能否进行验收，以及作为评优的依据。

一、工程质量评定的依据

（一）国家及水利水电行业有关施工规程、规范及技术标准

为了加强水利水电工程的质量管理，开展质量评定和评优工作，使有关的规程、规范和有关的技术标准得到有效的贯彻落实，提高水利水电建设工程质量，制定了相应的评定标准。

1988 年，水利电力部颁发了《水利水电基本建设工程单元工程质量等级评定标准》（以下简称《评定标准》），[编号为《水工建筑工程》（SDJ 249.1—88），以下简称《评定标准（一）》]；1988 年 12 月，水利部、能源部联合颁发了《金属结构及启闭机械安装工程》（SDJ 249.2—88）（以下简称《评定标准（二）》）、《水轮发电机组安装工程》（SDJ 249.3—88）（以下简称《评定标准（三）》）、《发电电气设备安装工程》（SDJ 249.4—88）（以下简称《评定标准（四）》）、《水力机械辅助设备安装工程》（SDJ 249.5—88）（以下简称《评定标准（五）》）、《升压变电电气设备安装工程》（SDJ 249.6—88）（以下简称《评定标准（六）》）等几个水利水电基本建设工程单元工程质量等级评定标准；1992 年水利部颁发了《碾压式土石坝和浆砌石坝工程》（SL 38—92）（以下简称《评定标准（七）》）。

1995 年水利部建设司、水利部水利工程质量监督总站联合颁发了《水利水电工程施工质量评定表》（以下简称《评定表》），将《评定标准》的内容进行了表格化，便于执行，增强了《评定标准》的可操作性。

1996 年 9 月，水利部颁发了《水利水电工程施工质量评定规程》（SL 176—1996）。

1999 年水利部针对 1998 年大水后堤防工程建设任务重的紧迫形势，专门下发了《堤防工程施工质量评定与验收规程》（SL 239—1999），进一步规范了水利水电工程施工质量评定和检验工作。

2002 年水利部颁发了《水利水电工程施工质量评定表填表说明与示例》（以下简称《填表说明与示例》），它不仅涵盖了《评定表》的所有内容及表格，还包括《堤防工程施工质量评定与验收规程》（SL 239—1999）中的评定表格和新补充的表格内容。

2007 年，为了更进一步参建各方质量行为，促进施工质量检验与评定工作标准化、规范化，水利部对《水利水电工程施工质量评定规程》（SL 176—1996）进行了修订，颁布了《水利水电工程施工质量检验与评定规程》（SL 176—2007）。

《评定标准（一）》主要适用于大、中型水利水电工程的水工建筑工程，小型工程和其他工程亦可参照执行。这部分内容包括土石方开挖、混凝土工程、水泥灌浆、基础排水、锚喷支护、地基加固、河道疏浚工程等。

《评定标准（二）》主要适用于水利水电建设工程中的金属结构制作安装和启闭机安装。这部分内容包括压力钢管、平面闸门、弧形闸门、人字闸门、拦污栅制造与安装工程以及桥式启闭机、门式启闭机、固定卷扬式启闭机、螺杆式启闭机、油压启闭机安装工程等。

《评定标准（三）》主要适用于单机容量为 3MW 及以上；水轮机为轴流式、斜流式、贯流式，转轮名义直径在 1.4m 及以上；水轮机为混流式、冲击式时，转轮名义直径在 1.0m 及以上的水轮发电机组安装工程。这部分内容主要包括：立式反击式水轮机安装、贯流式水轮机安装、冲击式水轮机安装、调速器及油压装置安装、立式水轮发电机安装、卧式水轮发电机安装、灯泡式水轮发电机组安装、主阀及附属设备安装、机组管路安装及水轮发电机组试运行检查试验等。小型水轮发电机组安装工程亦可参照执行。

《评定标准（四）》适用于总装机容量在 25MW 及以上，单机容量为 3MW 及以上的水力机械辅助设备安装工程。总装机容量在 25MW 以下的水力机械辅助设备安装工程可参照执行。这部分内容主要包括辅助设备安装及系统管路安装工程。

《评定标准（五）》适用于大、中型水电站电气设备安装。小型电站同类设备安装可参照执行。这部分内容主要包括电气一次设备和电气二次设备安装工程。

《评定标准（六）》适用于大、中型电站（35～330kV）主变压器及户外高压电气设备安装工程。小型电站同类设备安装亦可参照执行。这部分内容主要包括主变压器安装和其他电气设备安装工程。

《评定标准（七）》适用于大、中型碾压土石坝和浆砌石坝工程。小型工程亦可参照执行。这部分内容主要包括碾压土石坝工程的坝基及岸坡处理、防渗体工程、坝体填筑工程、细部工程以及浆砌石坝的砌筑体、防渗体、砂浆勾缝、溢流面砌筑和浆砌石墩墙工程等。

SL 239—1999 的适用范围是 1 级、2 级、3 级堤防工程，4 级、5 级堤防工程可参照执行。但水利水电工程中厂房道路生活设施等工程应参照国家和其他行业的质量检验评定标准进行评定。SL 176—1996 的适用范围，限于大、中型水利水电工程，小型水利水电工程可参照执行。

至此，水利水电建设工程施工质量的质量检验和评定标准的法规体系已基本形成，为加强水利水电工程施工质量管理，搞好工程质量控制，提高工程质量奠定了良好的基础。

（二）其他相关技术文件和标准

（1）经批准的设计文件、施工图纸、金属结构设计图样与技术条件、设计修改通知书、厂家提供的设备安装说明书及有关技术文件。

（2）工程承发包合同中采用的技术标准。

（3）工程试运行期的试验及观测分析成果。

二、项目划分

一个水利水电工程的建成，由施工准备工作开始到竣工交付使用，要经过若干工序、若干工种的配合施工。而工程质量的形成不仅取决于原材料、配件、产品的质量，同时也取决于各工种、工序的作业质量。因此，为了实现对工程全方位、全过程的质量控制和检验评定，按照工程的形成过程，考虑设计布局、施工布置等因素，将水利水电工程依次划为单位工程、分部工程和单元工程。单元工程是进行日常考核和质量评定的基本单位。水利水电工程项目划分应结合工程结构特点、施工部署及施工合同要求进行，划分结果应有利于保证施工质量以及施工质量管理，见附录一。

（一）项目划分程序

（1）由项目法人组织监理、设计及施工等单位进行工程项目划分，并确定主要单位工程、主要分部工程、重要隐蔽单元工程和关键部位单元工程。项目法人在主体工程开工前将项目划分表及说明书面报相应工程质量监督机构确认。

（2）工程质量监督机构收到项目划分书面报告后，应在14个工作日内对项目划分进行确认并将确认结果书面通知项目法人。

（3）工程实施过程中，需对单位工程、主要分部工程、重要隐蔽单元工程和关键部位单元工程的项目划分进行调整时，项目法人应重新报送工程质量监督机构确认。

（二）单位工程划分

单位工程，指具有独立发挥作用或独立施工条件的建筑物。单位工程通常可以是一项独立的工程，也可以是独立工程的一部分，一般按设计及施工部署划分，一般应遵循以下原则。

（1）枢纽工程一般以每座独立的建筑物为一个单位工程。当工程规模大时，可将一个建筑物中具有独立施工条件的一部分划分为一个单位工程。如发电工程可以划分为地面发电厂房、地下厂房、坝内式发电厂房。

（2）堤防工程按招标标段或工程结构划分单位工程。规模较大的交叉联结建筑物及管理设施以每座独立的建筑物为一个单位工程，如堤身工程、堤岸防护工程等。

（3）引水（渠道）工程按招标标段或工程结构划分单位工程。大、中型引水（渠道）建筑物以每座独立的建筑物为一个单位工程。大型渠道建筑物也可以每座独立的建筑物为一个单位工程，如进水闸、分水闸、隧洞。

（4）除险加固工程，按招标标段或加固内容，并结合工程量划分单位工程。

（三）分部工程划分

分部工程指在一个建筑物内能组合发挥一种功能的建筑安装工程，是组成单位工程的各个部分。对单位工程安全、功能或效益起控制作用的分部工程称为主要分部工程。

由于现行的水利水电工程施工质量等级评定标准是以优良个数占总数的百分率计算的。分部工程的划分主要是依据建筑物的组成特点及施工质量检验评定的需要来进行划分。分部工程划分是否恰当，对单位工程质量等级的评定影响很大。因此，分部工程的划分应遵循以下原则。

（1）枢纽工程。土建部分按设计的主要组成部分划分；金属结构及启闭机安装工程和机电设备安装工程按组合功能划分。

（2）堤防工程按长度或功能划分。

（3）引水（渠道）工程中的河（渠）道按施工部署或长度划分。大、中型建筑物按工程结构主要组成部分划分。

（4）除险加固工程，按加固内容或部位划分。

（5）同一单位工程中，各个分部工程的工程量（或投资）不宜相差太大，每个单位工程中的分部工程数目，不宜少于五个。

（四）单元工程划分

单元工程是分部工程中由几个工程施工完成的最小综合体，是日常考核工程质量的基本单位。单元工程按《水利建设工程单元工程施工质量验收评定标准》（以下简称《单元工程评定标准》）规定进行划分。

水利水电工程中的单元工程一般有三种类型：有工序的单元工程、不分工序的单元工程和由若干个桩（孔）组成的单元工程。如：钢筋混凝土单元工程可以分为基础面或施工缝处理、模板、钢筋、止水伸缩缝安装、混凝土浇筑五个工序；岩石边坡开挖单元工程质量只有一个工序，分为保护层开挖、平均坡度、开挖坡面的检查等几个检查项目；若干个桩（孔）组成的单元工程主要指基础处理工程中的桩基和灌浆工程中的造孔灌浆工程，见附录二。

水利水电工程单元工程是依据设计结构、施工部署或质量考核要求，把建筑物划分为若干个层、块、段来确定单元工程。如：

（1）岩石边坡开挖工程。按设计或施工检查验收的区、段划分，每一个区、段为一个单元工程。

（2）岩石地基开挖工程。按相应混凝土浇筑仓块划分，每一块为一个单元工程；两岸边坡地基开挖也可按施工检查验收区划分，每一验收区为一个单元工程。

（3）岩石洞室开挖工程。混凝土衬砌部位按设计分缝确定的块划分；锚喷支护部位按一次锚喷区划分；不衬砌部位可按施工检查验收段划分，每一块、区、段为一个单元工程。

（4）软基和岸坡开挖工程。按施工检查验收区、段划分，每一区、段为一个单元工程。

（5）混凝土工程。按混凝土浇筑仓号，每一仓号为一个单元工程。

（6）钢筋混凝土预制构件安装工程。按施工检查质量评定的根、套、组划分，每一根、套、组预制构件安装为一个单元工程。

(7) 混凝土坝接缝和回填水泥灌浆工程。按设计或施工确定的灌浆区、段划分，每一灌浆区、段为一个单元工程。

(8) 岩石地基水泥灌浆工程。帷幕灌浆以同序相邻的10～20孔为一单元工程；固结灌浆按混凝土浇筑块、段划分，每一块、段的固结灌浆为一个单元工程。

(9) 基础排水工程。按施工质量考核要求划分的基础排水区确定，每一区为一个单元工程。

(10) 锚喷支护工程。按一次锚喷支护施工区、段划分，每一区、段为一个单元工程。

(11) 振冲地基加固工程。按独立建筑物地基或同一建筑物地基范围内不同振冲要求的区划分，每一独立建筑物地基或不同要求区的振冲工程为一个单元工程。

(12) 混凝土防渗墙工程。每一槽孔为一个单元工程。

(13) 造孔灌注桩基础工程。按柱（墩）基础划分，每一柱（墩）下的灌注桩基础为一个单元工程。

(14) 河道疏浚工程。按设计或施工控制质量要求的段划分，每一疏浚河段为一个单元工程。

(15) 堤防工程。对不同的堤防工程按不同的原则划分单元工程。如：土方填筑按层、段划分；吹填工程按围堰仓、段划分；防护工程按施工段划分等。

不要将单元工程与国标中的分项工程相混淆。国标中的分项工程完成后不一定形成工程实物量，或者形成但未就位安装零部件及结构件，如模板分项工程、钢筋焊接、钢筋绑扎分项工程、钢结构件焊接制作分项工程等。

三、工程质量评定

质量评定时，应从低层到高层的顺序依次进行，这样可以从微观上按照施工工序和有关规定，在施工过程中把好质量关，由低层到高层逐级进行工程质量控制和质量检验。其评定的顺序是：单元工程、分部工程、单位工程、工程项目。

（一）单元工程质量评定标准

单元工程质量分为合格和优良两个等级。

单元工程质量等级标准是进行工程质量等级评定的基本尺度。由于工程类别不一样，单元工程质量评定标准的内容、项目的名称和合格率标准等也不一样。单元（工序）工程施工质量合格标准应按照《单元工程评定标准》或合同约定的合格标准执行。当达不到合格标准时，应及时处理，处理后的质量等级按以列规定重新确定。

(1) 全部返工重做的，可重新评定质量等级。

(2) 经加固补强并经设计和监理单位鉴定能达到设计要求时，其质量评为合格。

(3) 处理后的工程部分质量指标仍达不到设计要求时，经设计复核，项目法人及监理单位确认能满足安全和使用功能要求，可不再进行处理；或经加固补强后，改变了外形尺寸或造成工程永久性缺陷的，经项目法人、监理及设计单位确认能基本满足设计要求，其质量可定为合格，但应按规定进行质量缺陷备案。

（二）分部工程质量评定等级标准

分部工程施工质量同时满足以下标准时，其质量评为合格。

（1）所含单元工程的质量全部合格，质量事故及质量缺陷已按要求处理，并经检验合格。

（2）原材料、中间产品及混凝土（砂浆）试件质量全部合格，金属结构及启闭机制造质量合格，机电产品质量合格。

分部工程施工质量同时满足以下标准时，其质量评为优良。

（1）所含单元工程质量全部合格，其中70%以上达到优良等级，重要隐蔽单元工程和关键部位单元工程质量优良率达90%以上，且未发生过质量事故。

（2）中间产品质量全部合格，混凝土（砂浆）试件质量达到优良等级（当试件组数小于30时，试件质量合格），原材料质量、金属结构及启闭机制造质量合格，机电产品质量合格。

重要隐蔽单元工程：指主要建筑物的地基开挖、地下洞室开挖、地基防渗、加固处理和排水等隐蔽工程中，对工程安全或使用功能有严重影响的单元工程。

关键部位单元工程：指对工程安全性、或效益、或使用功能有显著影响的单元工程。

中间产品：指工程施工中使用的砂石骨料、石料、混凝土拌和物、砂浆拌和物、混凝土预制构件等土建类工程的成品及半成品。

（三）水利水电工程项目优良品率的计算

（1）分部工程的单元工程优良品率

$$\text{分部工程的单元工程优良品率}=\frac{\text{单元工程优良个数}}{\text{单元工程总数}}\times 100\%$$

（2）单位工程的分部工程优良品率

$$\text{单位工程的分部工程优良品率}=\frac{\text{分部工程优良个数}}{\text{分部工程总数}}\times 100\%$$

（3）水利工程项目的单位工程优良品率

$$\text{水利工程项目的单位工程优良品率}=\frac{\text{单位工程优良个数}}{\text{单位工程总数}}\times 100\%$$

（四）单位工程质量评定标准

单位工程施工质量同时满足以下标准时，其质量评为合格。

（1）所含分部工程质量全部合格。

（2）质量事故已按要求进行处理。

（3）工程外观质量得分率达到70%以上。

（4）单位工程施工质量检验与评定资料基本齐全。

（5）工程施工期及试运行期，单位工程观测资料分析结果符合国家和行业技术标准以及合同约定的标准要求。

单位工程施工质量同时满足以下标准时，其质量评为优良。

（1）所含分部工程质量全部合格，其中70%以上达到优良等级，主要分部工程质量全部优良，且施工中未发生过较大质量事故。

（2）质量事故已按要求进行处理。

（3）外观质量得分率达到85%以上。

（4）单位工程施工质量检验与评定资料齐全。

（5）工程施工期及试运行期，单位工程观测资料分析结果符合国家和行业技术标准以及合同约定的标准要求。

主要分部工程：对单位工程安全性、使用功能或效益起决定性作用的分部工程称为主要分部工程。

（五）单位工程外观质量评定

外观质量是通过检查和必要的量测所反映的工程外表质量。

水利水电工程外观质量评定办法，按工程类型分为枢纽工程、堤防工程、引水（渠道）工程、其他工程四类。

项目法人应在主体工程开工初期，组织监理、设计、施工等单位，根据工程特点（工程等级及使用情况）和相关技术标准，提出表4－1所列各项目的质量标准，报工程质量监督机构确认。

单位工程完工后，项目法人组织监理、设计、施工及工程运行管理等单位组成工程外观质量评定组，现场进行工程外观质量检验评定并将评定结论报工程质量监督机构核定。参加工程外观质量评定的人员应具有工程师以上技术职称或相应执业资格。评定组人数应不少于5人，大型工程不宜少于7人。

工程外观质量评定结果由项目法人报工程质量监督机构核定。

水工建筑物单位工程外观质量见表4－1。评定程序如下：

表4－1　水工建筑物外观质量评定表

单位工程名称			施工单位				
主要工程量			评定日期		年　月　日		
项次	项　目	标准分（分）	评定得分（分）				备　注
			一级 100%	二级 90%	三级 70%	四级 0	
1	建筑物外部尺寸	12					
2	轮廓线顺直	10					
3	表面平整度	10					
4	立面垂直度	10					
5	大角方正	5					
6	曲面与平面联结平顺	9					
7	扭面与平面联结平顺	9					
8	马道及排水沟	3（4）					
9	梯步	2（3）					
10	栏杆	2（3）					

续表

项次	项目		标准分（分）	评定得分（分）				备注
				一级 100%	二级 90%	三级 70%	四级 0	
11	扶梯		2					
12	闸坝灯饰		2					
13	混凝土表面无缺陷		10					
14	表面钢筋割除		2（4）					
15	砌体勾缝	宽度均匀、平整	4					
16		竖、横缝平直	4					
17	浆砌卵石露头均匀、整齐		8					
18	变形缝		3（4）					
19	启闭平台梁、柱、排架		5					
20	建筑物表面清洁、无附着物		10					
21	升压变电工程围墙（栏栅）、杆、架、塔、柱		5					
22	水工金属结构外表面		6（7）					
23	电站盘柜		7					
24	电缆线路敷设		4（5）					
25	电站气、水、管路		3（4）					
26	厂区道路及排水沟		4					
27	厂区绿化		8					
合计			应得　　分，实得　　分，得分率　　%					

外观质量评定组成员	单位	单位名称	职称	签名
	项目法人			
	监理			
	设计			
	施工			
	运行管理			
工程质量监督机构	核定意见： 核定人：（签名），加盖公章 年　月　日			

注　量大时，标准分采用括号内数值。

（1）检查、检测项目经工程外观质量评定组全面检查后，抽测25%，且各项不少于10点。

（2）评定等级标准。测点中符合质量标准的点数占总测点数的百分率为100%，评为一级；合格率为90%～99.9%时，评为二级；合格率70%～89.9%时，评为三级；合格率小于70%时，评为四级；每项评分得分按下式计算

各项评定得分=该项标准分×该项得分百分率

（3）检查项目（如表4-1中项次6、7、12、17～27）由工程外观质量评定组根据现

场检查结果共同讨论决定其质量等级。

(4) 外观质量评定表由工程外观质量评定组根据现场检查、检测结果填写。

(5) 表尾由各单位参加工程外观质量评定的人员签名（施工单位 1 人，如本工程由分包单位施工，则总包单位、分包单位各派 1 人参加；项目法人、监理、设计各派 1～2 人；工程运行管理单位 1 人）。

(六) 工程项目质量评定标准

工程项目施工质量同时满足以下标准时，其质量评为合格。

(1) 单位工程质量全部合格。

(2) 工程施工期及试运行期，各单位工程观测资料分析结果均符合国家和行业技术标准以及合同约定的标准要求。

工程项目施工质量同时满足以下标准时，其质量评为优良。

(1) 单位工程质量全部合格，其中 70％以上单位工程质量达到优良等级，且主要单位工程质量全部优良。

(2) 工程施工期及试运行期，各单位工程观测资料分析结果均符合国家和行业技术标准以及合同约定的标准要求。

(七) 质量评定工作的组织与管理

(1) 单元（工序）工程质量在施工单位自评合格后，报监理单位复核，由监理工程师核定质量等级并签证认可。

(2) 重要隐蔽单元工程及关键部位单元工程质量经施工单位自评合格、监理单位抽检后，由项目法人（或委托监理）、监理、设计、施工、工程运行管理（施工阶段已经有时）等单位组成联合小组，共同检查核定其质量等级并填写签证表，报工程质量监督机构核备，见附录三。

(3) 分部工程质量，在施工单位自评合格后，报监理单位复核，项目法人认定。分部工程验收的质量结论由项目法人报工程质量监督机构核备。大型枢纽工程主要建筑物的分部工程验收的质量结论由项目法人报工程质量监督机构核定，见附录四。

(4) 单位工程质量，在施工单位自评合格后，由监理单位复核，项目法人认定。单位工程验收的质量结论由项目法人报工程质量监督机构核定，见附录五。

(5) 工程项目质量，在单位工程质量评定合格后，由监理单位进行统计并评定工程项目质量等级，经项目法人认定后，报工程质量监督机构核定，见附录六。

(6) 阶段验收前，工程质量监督机构应提交工程质量评价意见。

(7) 工程质量监督机构应按有关规定在工程竣工验收前提交工程质量监督报告，工程质量监督报告应有工程质量是否合格的明确结论。

第二节 工 程 验 收

一、工程验收意义和依据

工程验收是工程建设进入到某一阶段的程序，借以全面考核该阶段工程是否符合批准的设计文件要求，以确定工程能否继续进行、进入到下一阶段施工或投入运行，并履行相关的签证和交接验收手续。

水利工程建设项目验收的依据是：国家有关法律、法规、规章和技术标准；有关主管部门的规定；经批准的工程立项文件、初步设计文件、调整概算文件；经批准的设计文件及相应的工程变更文件；施工图纸及主要设备技术说明书等。法人验收还应当以施工合同为验收依据。

通过对工程验收工作可以检查工程是否按照批准的设计进行建设；检查已完工程在设计、施工、设备安装等方面的质量，并对验收遗留问题提出处理要求；检查工程是否具备运行或进行下一阶段建设的条件；总结工程建设中的经验教训，并对工程作出评价；及时移交工程，尽早发挥投资效益。

二、工程验收

为加强水利工程建设项目验收管理，明确验收责任，规范验收行为，结合水利工程建设项目的特点，水利部于 2006 年 12 月 18 日颁布《水利工程建设项目验收管理规定》（2006 年水利部令第 30 号），并于 2007 年 4 月 1 日起施行。

水利工程建设项目验收，按验收主持单位性质不同分为法人验收和政府验收两类。法人验收是指在项目建设过程中由项目法人组织进行的验收。法人验收是政府验收的基础。政府验收是指由有关人民政府、水行政主管部门或者其他有关部门组织进行的验收，包括专项验收、阶段验收和竣工验收。

（一）项目法人验收

工程建设完成分部工程、单位工程、单项合同工程，或者中间机组启动前，应当组织法人验收。项目法人可以根据工程建设的需要增设法人验收的环节。

（1）项目法人应当在开工报告批准后 60 个工作日内，制定法人验收工作计划，报法人验收监督管理机关和竣工验收主持单位备案。

（2）施工单位在完成相应工程后，应当向项目法人提出验收申请。项目法人经检查认为建设项目具备相应的验收条件的，应当及时组织验收。

（3）法人验收由项目法人主持。验收工作组由项目法人、设计、施工、监理等单位的代表组成；必要时可以邀请工程运行管理单位等参建单位以外的代表及专家参加。项目法人可以委托监理单位主持分部工程验收，有关委托权限应当在监理合同或者委托书中明确。

（4）分部工程具备验收条件时，承包人应向发包人提交验收申请报告，发包人应在收到验收申请报告之日起 10 个工作日内决定是否同意进行验收。分部工程验收通过后，发包人向承包人发送分部工程验收鉴定书。承包人应及时完成分部工程验收鉴定书载明应由承包人处理的遗留问题。

分部工程验收的质量结论应当报该项目的质量监督机构核备；未经核备的，项目法人不得组织下一阶段的验收。单位工程以及大型枢纽主要建筑物的分部工程验收的质量结论应当报该项目的质量监督机构核定；未经核定的，项目法人不得通过法人验收；核定不合格的，项目法人应当重新组织验收。质量监督机构应当自收到核定材料之日起20个工作日内完成核定。

(5) 单位工程具备验收条件时，承包人应向发包人提交验收申请报告，发包人应在收到验收申请报告之日起10个工作日内决定是否同意进行验收。发包人主持单位工程验收，承包人应派符合条件的代表参加验收工作组。单位工程验收通过后，发包人向承包人发送单位工程验收鉴定书。承包人应及时完成单位工程验收鉴定书载明应由承包人处理的遗留问题。需提前投入使用的单位工程在专用合同条款中明确。单位工程投入使用验收和单项合同工程完工验收通过后，项目法人应当与施工单位办理工程的有关交接手续。

(6) 合同工程具备验收条件时，承包人应向发包人提交验收申请报告，发包人应在收到验收申请报告之日起20个工作日内决定是否同意进行验收。发包人主持合同工程完工验收，承包人应派代表参加验收工作组。

合同工程完工验收通过后，发包人向承包人发送合同工程完工验收鉴定书。承包人应及时完成合同工程完工验收鉴定书载明应由承包人处理的遗留问题。

合同工程完工验收通过后，发包人与承包人应在30个工作日内组织专人负责交接，双方交接负责人应在交接记录上签字。承包人应按验收鉴定书约定的时间及时移交工程及其档案资料。工程移交时，承包人应向发包人递交工程质量保修书。在承包人递交了工程质量保修书、完成施工场地清理以及提交有关资料后，发包人应在30个工作日内向承包人颁发合同工程完工证书。

（二）政府验收

1. 验收主持单位

(1) 阶段验收、竣工验收由竣工验收主持单位主持。竣工验收主持单位可以根据工作需要委托其他单位主持阶段验收。专项验收依照国家有关规定执行。

(2) 国家重点水利工程建设项目，竣工验收主持单位依照国家有关规定确定。

除前款规定以外，在国家确定的重要江河、湖泊建设的流域控制性工程、流域重大骨干工程建设项目，竣工验收主持单位为水利部。

除前两款规定以外的其他水利工程建设项目，竣工验收主持单位按照以下原则确定。

1) 水利部或者流域管理机构负责初步设计审批的中央项目，竣工验收主持单位为水利部或者流域管理机构。

2) 水利部负责初步设计审批的地方项目，以中央投资为主的，竣工验收主持单位为水利部或者流域管理机构，以地方投资为主的，竣工验收主持单位为省级人民政府（或者其委托的单位）或者省级人民政府水行政主管部门（或者其委托的单位）。

3) 地方负责初步设计审批的项目，竣工验收主持单位为省级人民政府水行政主管部门（或者其委托的单位）。

竣工验收主持单位为水利部或者流域管理机构的，可以根据工程实际情况，会同省级人民政府或者有关部门共同主持。

竣工验收主持单位应当在工程开工报告的批准文件中明确。

2. 专项验收

枢纽工程导（截）流、水库下闸蓄水等阶段验收前，涉及移民安置的，应当完成相应的移民安置专项验收。

工程竣工验收前，应当按照国家有关规定，进行环境保护、水土保持、移民安置以及工程档案等专项验收。经商有关部门同意，专项验收可以与竣工验收一并进行。

专项验收主持单位依照国家有关规定执行。

项目法人应当自收到专项验收成果文件之日起10个工作日内，将专项验收成果文件报送竣工验收主持单位备案。专项验收成果文件是阶段验收或者竣工验收成果文件的组成部分。

3. 阶段验收

根据工程建设需要，当工程建设达到一定关键阶段时［工程导（截）流、水库下闸蓄水、引（调）排水工程通水、首（末）台机组启动等］，应进行阶段验收。

阶段验收的验收委员会由验收主持单位、该项目的质量监督机构和安全监督机构、运行管理单位的代表以及有关专家组成；必要时，应当邀请项目所在地的地方人民政府以及有关部门参加。工程参建单位是被验收单位，应当派代表参加阶段验收工作。

大型水利工程在进行阶段验收前，可以根据需要进行技术预验收，有关竣工技术预验收的规定进行；水库下闸蓄水验收前，项目法人应当按照有关规定完成蓄水安全鉴定。

验收主持单位应当自阶段验收通过之日起30个工作日内，制作阶段验收鉴定书，发送参加验收的单位并报送竣工验收主持单位备案。阶段验收鉴定书是竣工验收的备查资料。

4. 竣工验收

竣工验收应当在工程建设项目全部完成并满足一定运行条件后1年内进行。不能按期进行竣工验收的，经竣工验收主持单位同意，可以适当延长期限，但最长不得超过6个月。逾期仍不能进行竣工验收的，项目法人应当向竣工验收主持单位作出专题报告。

竣工财务决算应当由竣工验收主持单位组织审查和审计。竣工财务决算审计通过15日后，方可进行竣工验收。

工程具备竣工验收条件的，项目法人应当提出竣工验收申请，经法人验收监督管理机关审查后报竣工验收主持单位。竣工验收主持单位应当自收到竣工验收申请之日起20个工作日内决定是否同意进行竣工验收。

竣工验收原则上按照经批准的初步设计所确定的标准和内容进行。项目有总体初步设计又有单项工程初步设计的，原则上按照总体初步设计的标准和内容进行，也可以先进行单项工程竣工验收，最后按照总体初步设计进行总体竣工验收。项目有总体可行性研究但没有总体初步设计而有单项工程初步设计的，原则上按照单项工程初步设计的标准和内容进行竣工验收。建设周期长或者因故无法继续实施的项目，对已完成的部分工程可以按单项工程或者分期进行竣工验收。

竣工验收分为竣工技术预验收和竣工验收两个阶段。

大型水利工程在竣工技术预验收前，项目法人应当按照有关规定对工程建设情况进行竣工验收技术鉴定。中型水利工程在竣工技术预验收前，竣工验收主持单位可以根据需要决定是否进行竣工验收技术鉴定。

竣工技术预验收由竣工验收主持单位以及有关专家组成的技术预验收专家组负责。

工程参建单位的代表应当参加技术预验收，汇报并解答有关问题。

竣工验收的验收委员会由竣工验收主持单位、有关水行政主管部门和流域管理机构、有关地方人民政府和部门、该项目的质量监督机构和安全监督机构、工程运行管理单位的代表以及有关专家组成。工程投资方代表可以参加竣工验收委员会。

竣工验收主持单位可以根据竣工验收的需要，委托具有相应资质的工程质量检测机构对工程质量进行检测。所需费用由发包人承担，但因承包人原因造成质量不合格的除外。

项目法人全面负责竣工验收前的各项准备工作，设计、施工、监理等工程参建单位应当做好有关验收准备和配合工作，派代表出席竣工验收会议，负责解答验收委员会提出的问题，并作为被验收单位在竣工验收鉴定书上签字。

竣工验收主持单位应当自竣工验收通过之日起 30 个工作日内，制作竣工验收鉴定书，并发送有关单位。竣工验收鉴定书是项目法人完成工程建设任务的凭据。

5. 验收遗留问题处理与工程移交

项目法人和其他有关单位应当按照竣工验收鉴定书的要求妥善处理竣工验收遗留问题和完成尾工。验收遗留问题处理完毕和尾工完成并通过验收后，项目法人应当将处理情况和验收成果报送竣工验收主持单位。

工程通过竣工验收，验收遗留问题处理完毕和尾工完成并通过验收的，竣工验收主持单位向项目法人颁发工程竣工证书。工程竣工证书格式由水利部统一制定。

项目法人与工程运行管理单位不同的，工程通过竣工验收后，应当及时办理移交手续。工程移交后，项目法人以及其他参建单位应当按照法律法规的规定和合同约定，承担后续的相关质量责任。项目法人已经撤销的，由撤销该项目法人的部门承接相关的责任。

第三节　工程质量保修期的质量控制

一、工程质量保修期

除专用合同条款另有约定外，缺陷责任期（工程质量保修期）从工程通过合同工程完工验收后开始计算。在合同工程完工验收前，已经发包人提前验收的单位工程或部分工程，若未投入使用，其缺陷责任期（工程质量保修期）亦从工程通过合同工程完工验收后开始计算；若已投入使用，其缺陷责任期（工程质量保修期）从通过单位工程或部分工程投入使用验收后开始计算。缺陷责任期（工程质量保修期）期限在专用合同条款中约定。同一合同中的不同项目可有多个不同的保修期。

由于承包人原因造成某项缺陷或损坏使某项工程或工程设备不能按原定目标使用而需

要再次检查、检验和修复的，发包人有权要求承包人相应延长缺陷责任期，但缺陷责任期最长不超过2年。

二、工程质量保修期责任

（1）承包人应在缺陷责任期内对已交付使用的工程承担缺陷责任。

（2）工程质量保修期内，发包人对已接收使用的工程负责日常维护工作。发包人在使用过程中，发现已接收的工程存在新的缺陷或已修复的缺陷部位或部件又遭损坏的，承包人应负责修复，直至检验合格为止。

（3）监理人和承包人应共同查清缺陷和（或）损坏的原因。经查明属承包人原因造成的，应由承包人承担修复和查验的费用。经查验属发包人原因造成的，发包人应承担修复和查验的费用，并支付承包人合理利润。

（4）承包人不能在合理时间内修复缺陷的，发包人可自行修复或委托其他人修复，所需费用和利润的承担，按第（3）项约定办理。

三、工程质量保修期监理人质量控制任务

（1）监理机构应督促承包人按计划完成尾工项目，协助发包人验收尾工项目，并为此办理付款签证。

（2）督促承包人对已完工程项目中所存在的施工质量缺陷进行修复。在承包人未能执行监理机构的指示或未能在合理时间内完成修复工作时，监理机构可建议发包人雇佣他人完成质量缺陷修复工作，并协助发包人处理由此所发生的费用。

若质量缺陷是由发包人或运行管理单位的使用或管理不周造成，监理机构应受理承包人因修复该质量缺陷而提出的追加费用付款申请。

（3）督促承包人按施工合同约定的时间和内容向发包人移交整编好的工程资料。

（4）签发工程最终付款证书。

（5）保修期间现场监理机构应适时予以调整，除保留必要的人员和设施外，其他人员和设施可撤离，或将设施移交发包人。

四、保修责任终止证书

保修期或保修延长期满，承包人提出保修期终止申请后，监理机构在检查承包人已经按照施工合同约定完成全部其应完成的工作，且经检验合格后，应及时办理工程项目保修期终止事宜。

工程的任何区段或永久工程的任何部分的竣工日期不同，各有关的保修期也不尽相同，不应根据其保修期分别签发保修责任终止证书，而只有在全部工程最后一个保修期终止后，才能签发保修期终止证书。

工程质量保修期满后30个工作日内，发包人应向承包人颁发工程质量保修责任终止证书，并退还剩余的质量保证金，但保修责任范围内的质量缺陷未处理完成的应除外。

思　考　题

4－1　工程质量评定的依据有哪些?

4－2　工程验收的依据有哪些?进行工程验收的意义是什么?

4－3　进行完工验收的条件是什么?进行竣工验收的条件是什么?

4－4　保修期承包人的质量责任是什么?监理人的质量责任有哪些?

第五章　工程质量检验

第一节　概　　述

一、质量检验的含义

在GB/T 19000—2000中对检验的定义是："通过观察和判断，适当结合测量、试验所进行的符合性评价"。在检验过程中，可以将"符合性"理解为满足要求。

由此可以看出，质量检验活动主要包括以下几个方面。

(1) 明确并掌握对检验对象的质量要求：即明确并掌握产品的技术标准；明确检验的项目和指标要求；明确抽样方案，检验方法及检验程序；明确产品合格判定原则等。

(2) 测试：即用规定的手段按规定的方法在规定的环境条件下，测试产品的质量特性值。

(3) 比较：即将测试所得的结果与质量要求相比较，确定其是否符合质量要求。

(4) 评价：根据比较的结果，对产品质量的合格与否作出评价。

(5) 处理：出具检验报告，反馈质量信息，对产品进行处理。具体讲包括以下内容。

1) 对合格的产品或产品批作出合格标记，填写检验报告，签发合格证，放行产品。

2) 对不合格的产品或产品批填写检验报告与有关单据，说明质量问题，提出处理意见，并在产品上作出不合格标记，根据不合格品管理规定予以隔离。

3) 将质量检验信息及时汇总分析，并反馈到有关部门，促使其改进质量。

施工过程中，施工承包人是否按照设计图纸、技术操作规程、质量标准的要求实施，将直接影响到工程产品的质量。为此，监理人必须进行各种必要的检验，避免出现工程缺陷和不合格品。

二、质量检验的目的和作用

(一) 质量检验的目的

质量检验的目的主要包括两个方面：一是决定工程产品（或原材料）的质量特性是否符合规定的要求；二是判断工序是否正常。具体就施工阶段而言，质量检验的目的包括以下几点。

(1) 判断工程产品、建筑原材料质量是否符合规定要求或设计标准。

(2) 判定工序是否正常，测定工序能力，进而对工序实行质量控制。

(3) 记录所取得的各种检验数据，以作为对检验对象评价和质量评定的依据。如通过对水电站水轮发电机组安装质量检验，得到检验数据，将其和质量评定等级标准比较，进而评定出机组安装质量的等级。

(4) 评定质量检验人员（包括操作者自我检查）的工作准确性程度。

(5) 对不符合质量要求的问题及时向施工承包人提出，并研究补救和处理措施。

(6) 通过质量检验可以督促施工承包人提高质量，使之达到设计要求和既定标准。

(二) 质量检验的作用

要保证和提高建设项目的施工质量，监理人除了检查施工技术和组织措施外，还要采用质量检验的方法，来检查施工承包人的工作质量。归纳起来，工程质量检验有以下作用。

(1) 质量检验是保证工程质量的重要工作内容。只有通过质量检验，才能得到工程产品的质量特征值，才有可能和质量标准相比较，进而得到合格与否的判断。

(2) 质量检验为工程质量控制提供了数据，而这些数据正是施工工序质量控制的依据。

(3) 通过对进场器材、外协件及建筑材料实行全面的质量检验，可保证这些器材和原质量，从而促使施工承包人使用合格的器材和建筑材料，避免因器材或建筑材料质量问题而导致建设项目质量事故的发生。

三、质量检验的必备条件

监理人对承包人实施有效的质量监理是建立在开展质量检验基础上的。而进行质量检验，必须具备一定的条件，否则会导致检验工作质量低下（如误判、漏检等现象），致使对施工承包人的质量监理成为一句空话。

监理人质量检验必备的条件一般包括以下方面。

(一) 要具有一定的检验技术力量

监理人要根据工程实际需要，来配齐各类质量检验人员。在这些质量检验人员中，应配有一定比例的、具有一定理论水平和实践经验或经专业考核获取检验资格的骨干人员。

(二) 要建立一套严密的科学管理制度

监理人为保证有条不紊地对施工承包人的施工质量进行检验，并保证质量检验工作的质量，以提供准确的质量信息，必须建立一套完整的管理制度。这些制度包括质量检验人员岗位责任制、检验工程质量责任制、检验人员技术考核和培训、检验设备管理制度、检验资料管理制度、检验报告编写以及管理等。

(三) 要求施工承包人建立完善的质量检验制度和相应的机构

监理人的质量检验是在施工承包人“三检”（初检、复检、终检）基础上进行的。施工承包人质量检验的制度、机构、手段和条件，不具备、不完善或“三检”不严，会使施工承包人自检的质量低下，相对地把施工承包人自检的工作，转嫁到监理身上，增加监理人质量监督的负担，最后使工程质量得不到保证。在施工承包人“三检”制度不健全或质量不高的情况下，监理人有权拒绝检查、验收和签证，直到“三检”工作符合要求为止。

(四) 要配备符合标准并满足检验工作要求的检验手段

监理人只有配备了符合标准并满足检验工作要求的检验手段，才能直接、准确地获得第一手资料，切切实实做到对工程质量心中有数，进行有效的质量监理。

检验手段包括除去感觉性检验以外的其他检验所需要的一切量具、测具、工具、无损检测设备、理化试验设备等，如土工试验仪器、压力机等。

（五）要有适宜的检验条件

监理人质量检验工作的条件包括以下内容。

（1）进行质量检验的工作条件：如试验室、场地、作业面和保证安全的手段等。

（2）保证检验质量的技术条件：如照明、空气温度、湿度、防尘、防震等。

（3）质量检验评价条件：主要是指合同中写明的、进行质量检验和评价所依据的技术标准，包括以下两类。

第一类是现有的技术标准。如国家标准、行业标准及地方标准。

第二类是目前尚无确定、需要自定的技术标准。对于这种情况，监理人可首先要求施工承包人提出施工规范和检查验收标准，在报监理人审批同意后，即作为实施的标准。当监理人不熟悉这种技术标准的业务时，或对审批这种标准把握不大时，也可委托有关单位进行审查，或向有关单位或部门咨询后再审查。这类情况常见于新型水轮发电机组安装工程质量检验技术标准等。

四、质量检验计划

由于工程质量检验工作的分散性和复杂性，为了使检验人员明确工作内容、方法、评价标准和要求，以保证质量检验工作的顺利进行，监理工程师应制定质量检验计划，计划的内容包括以下几点。

（1）工程项目的名称（单位工程、分部工程）及检验的部位。

（2）检验项目名称。即检验哪些质量性能特征。

（3）检验方法。即是视觉检验、量测检验、无损检测，还是理化试验。

（4）检验依据。质量检验是依据技术标准、规程、合同、设计文件中的哪一款，或者是哪些具体评价标准。

（5）确定质量性能特征的重要性级别。

（6）检验程度。是免检、抽检还是全数检验。

（7）评价和判断合格与否的条件或标准。

（8）检验样本（样品）的抽样方法。

（9）检验程序。即检验工作开展的顺序或步骤。

（10）检验合格与否的处理意见。

（11）检验记录或检验报告的编号和格式。

五、质量检验种类

（一）按质量检验实施者分类

按质量检验的实施单位来分，质量检验可分为以下三种形式。

1. 发包人/监理人的质量检验

发包人/监理人的质量检验是发包人/监理人在工程施工过程中以及工程完工时所进行的检验。这种检验是站在发包人的立场上，以满足合同要求为目的而进行的一种检验，它是对施工承包人的施工活动及工程质量实行监督、控制的一种形式。

监理机构的质量检验人员应具有一定的工程理论知识和施工实践经验，熟悉有关标准、规定和合同要求，认真按技术标准进行检验，作出独立、公正的评价。

监理机构进行质量检验的主要任务包括以下几点。

(1) 对工程质量进行检验，并记录检验数据。

(2) 参与工程中所使用的新材料、新结构、新设备和新技术的检验和技术审定。

(3) 对工程中所使用的重要材料进行检验和技术审定。

(4) 参与质量事故的分析处理。

(5) 校验施工承包人所用的检验设备和检验方法。

2. 第三方质量检验

第三方质量检验也称第三方质量监督检验，它是站在第三方公正立场，依据国家的技术标准、规程以及设计文件、质量监督条例等，对工程质量及有关各方实行的质量监督检验，是强制性执行技术标准，是确保工程质量，确保国家和人民利益，维护生命财产安全的重要手段。

3. 施工承包人的质量检验

施工承包人的质量检验是施工承包人内部进行的质量检验，包括从原材料进货直至交工的全过程中的全部质量检验工作，它是发包人/监理人及政府第三方质量控制、监督检验的基础，是质量把关的关键。

施工单位在工程建设施工中必须健全质量保证体系，认真执行初检、复检和终检的施工质量“三检制”，在施工中对工程质量进行全过程的控制。初检是搞好施工质量的基础，每道工序完成后，应由班组质检员填写初检记录，班组长复核签字；一道工序由几个班组连续施工时，要做好班组交接记录，由完成该道工序的最后一个班填写初检记录。复检是考核、评定施工班组工作质量的依据，要努力工作提高一次检查合格率，由施工队的质检员与施工技术人员一起搞好复检工作，并填表写复检意见。终检是保证工程质量的关键，必须由质检处和施工单位的专职质检员进行终检，对分工序施工的单元工程，如果上一道工序未经终检或终检不合格，不得进行下一道工序的施工。

施工承包人应建立检验制度，制定检验计划。质量检验用的检测器具应定期率定、校核；工地使用的衡器、量具也应定期鉴定、校准。对于从事关键工序操作和重要设备安装的工人，要经过严格的技术考核，达不到规定技术等级的不得顶岗操作。

通过严格执行上述有关施工承包人施工质量自检的规定，以加强施工企业内部的质量保证体系，推行全面质量管理。

(二) 按检验内容和方式分类

按质量检验的内容及方式，质量检验可分为以下五种。

1. 施工预先检验

施工预先检验是指工程在正式施工前所进行的质量检验。这种检验是防止工程发生差错、造成缺陷和不合格品出现的有力措施。例如，监理人对原始基准点、基准线和参考标高的复核，对预埋件留设位置的检验；对预制构件安装中构件位置、型号、支承长度和标高的检验等。

2. 工序交接质量检验

工序交接质量检验主要指工序施工中或上道工序完工即将转入下道工序时所进行的质量检验，它是对工程质量实行控制，进而确保工程质量的一种重要检验。只有做到一环扣一环，环环不放松，整个施工过程的质量就能得到有力的保障。一般说来，它的工作量最大，其主要作用为：评价施工承包人的工序施工质量；防止质量问题积累或下流；检验施工技术措施、工艺方案及其实施的正确性；为工序能力研究和质量控制提供数据。因此，监理人应在承包人内部自检、互检的基础上进行工序质量交接检验，坚持上道工序不合格就不能转入下道工序的原则。例如，在混凝土进行浇筑之前，要对模板的安装、钢筋的架立绑扎等进行检查。

3. 原材料、中间产品和工程设备质量确认检验

原材料、中间产品和工程设备质量确认检验是指监理人根据合同规定及质量保证文件的要求，对所有用于工程项目的器材的可信性及合格性作出有根据的判断，从而决定其是否可以投用。原材料、中间产品和工程设备质量确认检验的主要目的是判定用于工程项目的原材料、中间产品和工程设备是否符合合同中规定的状态，同时，通过原材料、中间产品和工程设备质量确认检验，能及时发现承包人质量检验工作中存在的问题，反馈质量信息。如对进场的原材料（砂、石、骨料、钢筋、水泥等）、中间产品（混凝土预制件、混凝土拌和物等）、工程设备（闸门、水轮机等）的质量检验。

4. 隐蔽工程验收检验

隐蔽工程验收检验是指将被其他工序施工所隐蔽的工序、分部工程，在隐蔽前所进行的验收检验。如基础施工前对地基质量的检验，混凝土浇筑前对钢筋，模板工程的质量检验，大型钢筋混凝土基础、结构浇筑前对钢筋、预埋件、预留孔、保护层、模内清理情况的检验等。实践证明，坚持隐蔽工程验收检验，是防止质量隐患，确保工程质量的重要措施。隐蔽工程验收检验后，要办理隐蔽工程检验签证手续，列入工程档案。施工承包人要认真处理监理人在隐蔽工程检验中发现的问题。处理完毕后，还需经监理人复核，并写明处理情况。未经检验或检验不合格的隐蔽工程，不能进行下道工序施工。

5. 完工验收检验

完工验收检验是指工程项目竣工验收前对工程质量水平所进行的质量检验。它是对工程产品的整体性能进行全方位的一种检验。监理人在施工承包人检验合格的基础上，对所有有关施工的质量技术资料（特别是重点部位）进行核查，并进行有关方面的试验。完工验收检验是进行正式完工验收的前提条件。

（三）按工程质量检验深度分类

按工程质量检验工作深度分，可将质量检验分为全数检验、抽样检验和免检三类。

1. 全数检验

全数检验也称普遍检验，是对工程产品逐个、逐项或逐段的全面检验。在建设项目施工中，全数检验主要用于关键工序及隐蔽工程的验收。

关键工序及隐蔽工程施工质量的好坏，将直接关系到工程的质量，有时会直接关系到工程的使用功能及效益。因此发包人（监理人）有必要对隐蔽工程的关键工序进行全数检验。如在水库混凝土大坝的施工中，监理人在每仓混凝土开仓之前，应对每一仓位进行质量检验，即进行全数检验。

当监理人发现施工承包人某一工种施工工序能力差，或是第一次（初次）施工较为重要的施工项目（或内容），不采取全数检验不能保证工程质量时，均要采取全数检验。

归纳起来，遇到以下情况应采取全数检验。

(1) 质量十分不稳定的工序。

(2) 质量性能指标对工程项目的安全性、可靠性起决定性作用的项目。

(3) 质量水平要求高，对下道工序有较大影响的项目（包括原材料、中间产品和工程设备）等。

2. 抽样检验

在施工过程中进行质量检验，由于工程产品（或原材料）的数量相当大，人们不得不进行抽样检验，即从工程产品（或原材料）中抽取少量样品（即样组），进行仔细检验，借以判断工程产品或原材料批的质量情况。

抽样检验常用在以下几种情况。

(1) 检验是破坏性的，如对钢筋的试验。

(2) 检验的对象是连续体，如对混凝土拌和物的检验等。

(3) 质量检验对象数量多，如对砂、石骨料的检验。

(4) 对工序进行质量检验。

3. 免检

免检是指对符合规定条件的产品，在其免检有效期内，免于国家、省（自治区、直辖市）、县（市）各级政府监管部门实施的常规性质量监督检查。企业要申请免检，除具备独立法人资格，能保证稳定生产以外，执行的产品质量自定标准还必须达到或严于国家标准、行业标准的要求，此外其产品必须在省级以上质监部门监督抽查中连续三次合格等。

为保证质量，质检部门对免检企业和免检产品实行严格的后续监管。国家质量监督检验检疫总局会不定期对免检产品进行国家监督抽查，出现不合格的督促企业整改；严重不合格的，撤销免检资格。在免检期，免检企业还必须每年提供产品检验报告。免检企业到期，需重新申请的，质检部门还要再次核查免检产品质量是否持续符合免检要求，对不符合的，不再给予免检资格。

六、水利工程质量检验有关规定

根据《水利工程施工质量检验与评定规程》（SL 176—2007），有关质量检验规定如下：

（1）承担工程检测业务的检测机构应具有水行政主管部门颁发的资质证书。其设备和人员的配备应与所承担的任务相适应，有健全的管理制度。

（2）工程施工质量检验中使用的计量器具、试验仪器仪表及设备应定期进行检定，并具备有效的检定证书。国家规定需强制检定的计量器具应经县级以上计量行政部门认定的计量检定机构或其授权设置的计量检定机构进行检定。

（3）检测人员应熟悉检测业务，了解被检测对象性质和所用仪器设备性能，经考核合格后，持证上岗。参与中间产品及混凝土（砂浆）试件质量资料复核的人员应具有工程师以上工程系列技术职称，并从事过相关试验工作。

（4）项目法人、监理、设计、施工和工程质量监督等单位根据工程建设需要，可委托具有相应资质等级的水利工程质量检测机构进行工程质量检测。施工单位自检性质的委托检测项目及数量，按《单元工程评定标准》及施工合同约定执行。对已建工程质量有重大分歧时，由项目法人委托第三方具有相应资质等级的质量检测机构进行检测，检测数量视需要确定，检测费用由责任方承担。

（5）对涉及工程结构安全的试块、试件及有关材料，应实行见证取样。见证取样资料由施工单位制备，记录应真实齐全，参与见证取样人员应在相关文件上签字。

（6）工程中出现检验不合格的项目时，按以下规定进行处理。

1）原材料、中间产品一次抽样检验不合格时，应及时对同一取样批次另取两倍数量进行检验，如仍不合格，则该批次原材料或中间产品应定为不合格，不得使用。

2）单元（工序）工程质量不合格时，应按合同要求进行处理或返工重作，并经重新检验且合格后方可进行后续工程施工。

3）混凝土（砂浆）试件抽样检验不合格时，应委托具有相应资质等级的质量检测机构对相应工程部位进行检验。如仍不合格，由项目法人组织有关单位进行研究，并提出处理意见。

（7）工程完工后的质量抽检不合格，或其他检验不合格的工程，应按有关规定进行处理，合格后才能进行验收或后续工程施工。

第二节　抽样检验原理

一、抽样检验的基本概念

（一）抽样检验的定义

质量检验按检验数量通常分为全数检验、抽样检验和免检。全数检验是对每一件产品都进行检验，以判断其是否合格。全数检验常用在非破坏性检验，批量小、检查费用少或稍有一点缺陷就会带来巨大损失的场合等。但对很多产品来讲，全数检验是不可能而且往往也是不必要的，在很多情况下常常采用抽样检验。

抽样检验是按数理统计的方法，利用从批或过程中随机抽取的样本，对批或过程的质量进行检验，如图 5-1 所示。

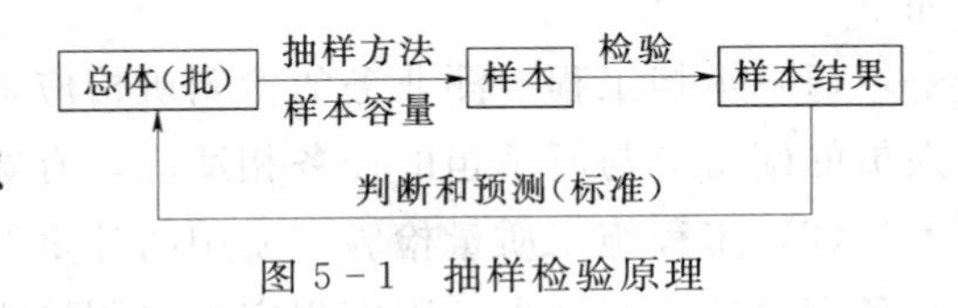

图 5-1　抽样检验原理

(二) 抽样检验的分类

抽样检验按照不同的方式进行分类，可以分成以下不同的类型。

1. 按统计抽样检验的目的分类

(1) 预防性抽样检验。这种检验是在生产过程中，通过对产品进行检验，来判断生产过程是否稳定和正常，主要是为了预测、控制工序（过程）质量而进行的检验。

(2) 验收性抽样检验。这种检验是从一批产品中随机的抽取部分产品（称为样本），检验后根据样本质量的好坏，来判断这批产品的好坏，从而决定接收还是拒收。

(3) 监督抽样检验。第三方、政府主管部门、行业主管部门如质量技术监督局的检验，主要是为了监督各生产部门。

2. 按单位产品的质量特征分类

(1) 计数抽样检验。所谓计数抽样检验，是指在判定一批产品是否合格时，只用到样本中不合格数目或缺陷数，而不管样本中各单位产品的特征的测定值如何的检验判断方法。

1) 计件。用来表达某些属性的件数，如不合格品数。

2) 计点。一般适用产品外观，如混凝土的蜂窝、麻面数。

(2) 计量抽样检验。所谓计量抽样检验，是指定量地检验从批中随机抽取的样本，利用样品中各单位产品的特征值来判定这批产品是否合格的检验判断方法。

计数抽样检验与计量抽样检验的根本区别在于，前者是以样本中所含不合格品（或缺陷）个数为依据；后者是以样本中各单位产品的特征值为依据。

3. 按抽取样本的次数分类

(1) 一次抽样检验。仅需从批中抽取一个大小为 n 样本，便可判断该批接受与否。

(2) 二次抽样检验。抽样可能要进行两次，对第一个样本检验后，可能有三种结果：接受，拒收，继续抽样。若得出“继续抽样”的结论，抽取第二个样本进行检验，最终做出接受还是拒收的判断。

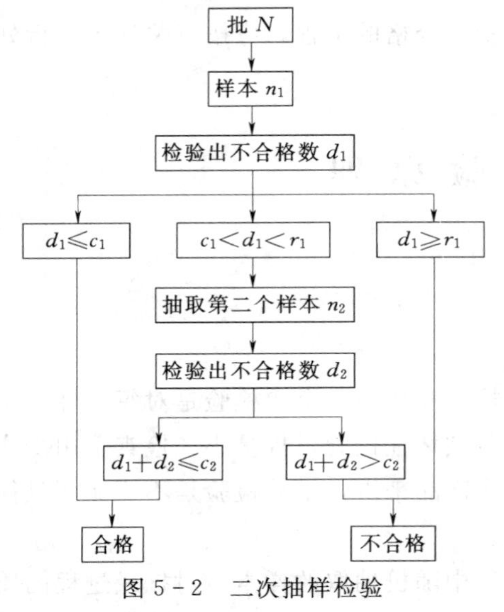

图 5-2　二次抽样检验

在采用二次抽样检验时，需事先规定两组判定数，即第一次抽样检验时的合格判定数 c_1 和不合格判定数 r_1，以及第二次检验时的合格判定数 c_2；然后从批 N 中先抽取一个较小 n_1，并对 n_1 进行检验，确定 n_1 中的不合格品数 d_1，若 $d_1 \leqslant c_1$，则判定为批合格；若 $d_1 \geqslant r_1$，则判定为批不合格；若 $c_1 < d_1 < r_1$，则需抽取第二个样组 n_2，并对 n_2 进行检验，检验得样组中的不合格品数 d_2，若 $d_1 + d_2 > c_2$，则判定批为不合格；若 $d_1 + d_2 \leqslant c_2$，则判定批为合格，其检验程序如图 5-2 所示。

（3）多次抽样检验：可能需要抽取两个以上具有同等大小样本，最终才能对批作出接受与否判定。是否需要第 i 次抽样要根据前次（$i-1$ 次）抽样结果而定。多次抽样操作复杂，需作专门训练。ISO2859 的多次抽样多达 7 次，GB 2898—87 的多次抽样为 5 次。因此，通常采用一次或二次抽样方案。

（4）序贯抽样检验：事先不规定抽样次数，每次只抽一个单位产品，即样本量为 1，据累积不合格品数判定批合格/不合格还是继续抽样时适用。针对价格昂贵、件数少的产品可使用。

4. 按抽样方案的制定原理分类

（1）标准型抽样方案。该方案是为保护生产方利益，同时保护使用方利益，预先限制生产方风险 α 的大小而制定的抽样方案。

（2）挑选型抽样方案。所谓挑选型方案是指，对经检验判为合格的批，只要替换样本中的不合格品；而对于经检验判为拒收的批，必须全检，并将所有不合格全替换成合格品。即事先规定一个合格判定数 c，然后对样本按正常抽样检验方案进行检验，通过检验若样本中的不合格品数为 d，则当 $d \leqslant c$ 时，该批为合格；若 $d > c$，则对该批进行全数检验。这种抽样检验适用于不能选择供应厂家的产品（如工程材料、半成品等）检验及工序非破坏性检验。

（3）调整型抽样方案。该类方案由一组方案（正常方案、加严方案和放宽方案）和一套转移规则组成，根据过去的检验资料及时调整方案的宽严。该类方案适用于连续批产品。

例如：1√，2√，3×，4√，5×，6√，7×，8×，9√，10×，11×，12√，13×，

加严检验

暂停检验：14√，15×，16√，17√，18√，19√，20√，21√ 正常

正常检验　　加严检验

“√”代表是合格的批，“×”代表不合格的批。

（三）抽样方法

在进行抽取样本时，样本必须代表批，为了取样可靠，以随机抽样为原则。随机抽样不等于随便抽样，它是保证在抽取样本过程中，排除一切主观意向，使批中的每个单位产品都有同等被抽取的机会的一种抽样方法。也就是说取样要能反映群体的各处情况，群体中的个体，取样的机会要均等。按以下方法执行，能大致符合随机抽样的原则。

1. 简单的随机抽样

就是按照规定的样本量 n 从批中抽取样本时，使批中含有 n 个单位产品所有可能的组合，都是同等的被抽取的机会的一种抽样方法。主要抽样方法有随机数表法、随机骰子法等。

（1）随机数表法。利用随机数表抽样的方法如下：

1）将要抽取样本的一批（N）工程产品从 1 到 N 顺序编号。

2）确定随机数表的页码（表的编号）。掷六面体的骰子，骰子给出的数字即为采用的随机数表的编号［即选用第几张（页）］随机数表。

3）确定起始点数字的行数和列数。在表中任意指一处，所得的两位数即为行数（所

得的两位数如为50以内的数，就直接取为行数。如大于50，则用该数减去50后作为行数）。再用同样的方法可以确定列数（所得的两位数如为25以内的数，就直接取为列数；如大于25，则用该数减去25以后作为列数）。

4）从所确定的该页随机数表上按上述行、列所列出的数字作为所选取的第一个样本的号码，依次从左到右选取 n 个小于批量 N 的数字，作为所选取的样本编号，一行结束后，从下一行开始继续选取。如所得数字超过批量 N，则应舍弃。

（2）随机骰子法。骰子法是将要抽取样本的一批（N）工程产品从1到 N 顺序编号，然后用掷骰子法来确定取样号。所用骰子有正六面体和正二十面体两种。在一般工程施工中，采用正六面体骰子。

抽样时，先根据批的数量将批分为六大组（采用正六面体骰子抽样时），每个大组再分为六个小组，分组的级数决定子批的数量，每个小组中个体的数量不超过6个。分组后再对各组级中的每个组和每个小组中的个体都编上从1～6的号码，然后通过掷骰子来决定抽取哪一个个体作为样本，第一次掷得的号码确定六个大组中从哪一个大组抽取样本，第二次掷得的号码确定该大组中六个小组中从哪个小组中抽取样本，第三次掷得的号码确定从该小组中抽取哪个个体作为样本。

2. 分层随机抽样

当批是由不同因素的个体组成时，为了使所抽取的样本更具有代表性，即样本中包含有各种因素的个体，则可采用分层抽样法。

分层抽样是将总体（批）分成若干层次，尽量使层内均匀，层与层之间不均匀，这些层中选取样本。通常可按以下因素进行分层。

（1）操作人员：按现场分、按班次分、按操作人员的经验分。

（2）机械设备：按使用的机械设备分。

（3）材料：按材料的品种分、按材料进货的批次分。

（4）加工方法：按加工方法、安装方法分。

（5）时间：按生产时间（上午、下午、夜间）分。

（6）按气象情况分。

分层抽样多用于工程施工的工序质量检验中，以及散装材料（如砂、石、水泥等）的验收检验中。

3. 两级随机抽样

当许多产品装在箱中，且许多货箱又堆积在一起构成批量时，可以首先作为第一级对若干箱进行随机抽样，然后把挑选出的箱作为第二级，再分别从箱中对产品进行随机抽样。

4. 系统随机抽样

当对总体实行随机抽样有困难时，如连续作业时取样、产品为连续体时取样，可采用一定间隔进行抽取的抽样方法称为系统抽样。例如：现要求测定港区路基的下沉值，由于路基是连续体，可采取每米或几米测定一点（或两点）的办法，进行抽样测定。系统抽样还适合流水生产线上的取样，但应注意，当产品质量特性发生变化时会产生较大偏差。因此抽取样本的个数依抽检方案而定。

（四）抽样检验中的两类风险

由于抽样检验的随机性，就像进行测量总会存在误差一样，在进行抽样检验中，也会存在以下两种错误判断（风险）。

（1）第一类风险。即本来是合格的交验批，有可能被错判为不合格批，这对生产方是不利的，这类风险也可称为承包商风险或第一类错误判断。其风险大小用 α 表示。

（2）第二类风险。即将本来不合格的交验批，有可能错判为合格批，将对使用方产生不利。第二类风险又称用户风险或第二类错误判断。其风险大小用 β 表示。

二、计数型抽样检验

（一）计数型抽样检验中的几个基本概念

1. 一次抽样方案

一次抽样的抽样方案是一组特定的规则，用于对批进行检验、判定。它包括样本量 n 和判定数 c，如图 5－3 所示。

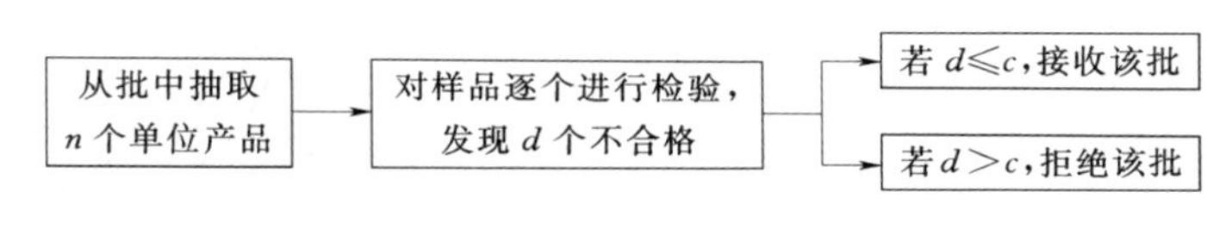

图 5－3　一次抽样方案

2. 接收概率

接受概率是根据规定的抽样检验方案将检验批判为合格而接受的概率。一个既定方案的接受概率是产品质量水平，即批不合格品率 p 的函数，用 $L(p)$ 表示。

检验批的不合格品率 p 越小，接受概率 $L(p)$ 就越大。对方案（n，c），若实际检验中，样本的不合格品数为 d，其接受概率计算公式为

$$L(p) = P(d \leqslant c) \tag{5-1}$$

式中　$P(d \leqslant c)$ ——样本中不合格品数为 $d \leqslant c$ 时的概率。

其中批不合格品率 p 是指批中不合格品数占整个批量的百分比，即

$$p = \frac{D}{N} \times 100\% \tag{5-2}$$

式中　D——不合格品数；

　　N——批量数。

批不合格百分率是衡量一批产品质量水平的重要指标。

3. 接受上界 p_0 和拒收下界 p_1

接受上界 p_0：在抽样检查中，认为可以接受的连续提交检查批的过程平均上限值，称为合格质量水平。设交验批的不合格率为 p，当 $p \leqslant p_0$ 时，交验批为合格批，可接受。

拒收下界 p_1：在抽样检查中，认为不可接受的批质量下限值，称为不合格质量水平。设交验批的不合格率为 p，当 $p \geqslant p_1$ 时，交验批为不合格批，应拒受。

4. OC 曲线

（1）OC 曲线的概念。对于既定的抽样方案，对于这批产品的接收概率 $L(p)$ 是批不合格率 p 的函数，如图 5-4 所示。每个抽样方案都有特定的 OC 曲线，OC 曲线 $L(p)$ 是随批质量 P 变化的曲线。形象地表示一个抽样方案对一个产品批质量的判别能力。其特点包括以下几点。

1）$0 \leqslant p \leqslant 1$，$0 \leqslant L(p) \leqslant 1$。

2）曲线总是单调下降。

3）抽样方案越严格，曲线越往下移。固定 c，n 越大时，方案越严格；固定 n，c 越小时，方案越严格。

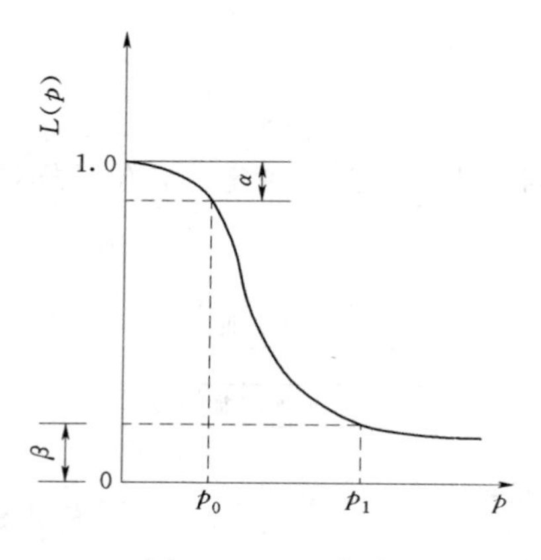

图 5-4　OC 曲线

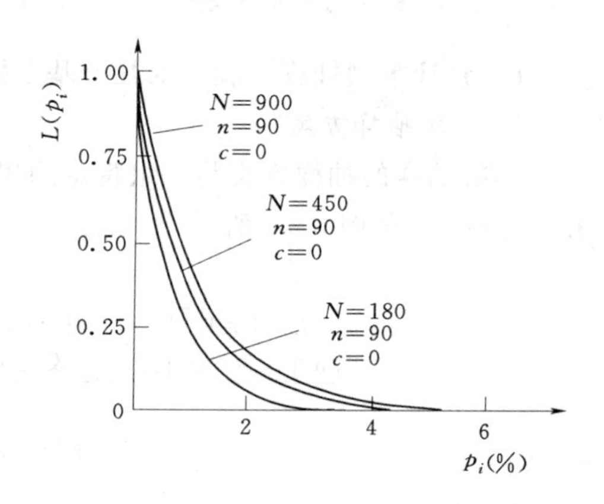

图 5-5　N 对 OC 曲线的影响

所以，当 N 增加，n，c 不变时，OC 曲线会趋向平缓，使用方风险增加；而当 N 不变，n 增加或 c 减少时，OC 曲线会急剧下降，生产方风险增加。

图 5-5、图 5-6、图 5-7 分别反映了 N，n，c 对 OC 曲线的影响。

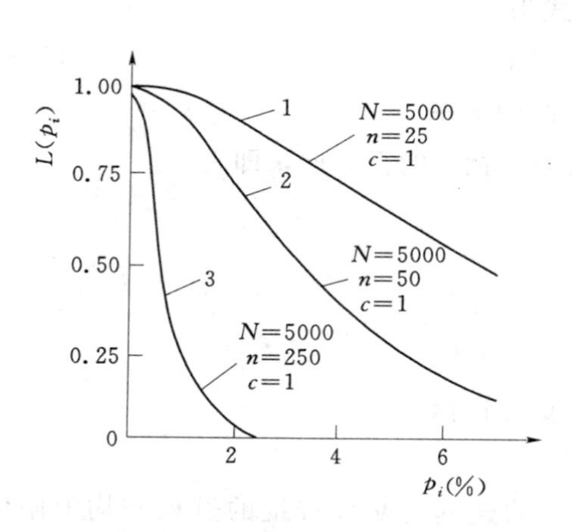

图 5-6　n 对 OC 曲线的影响

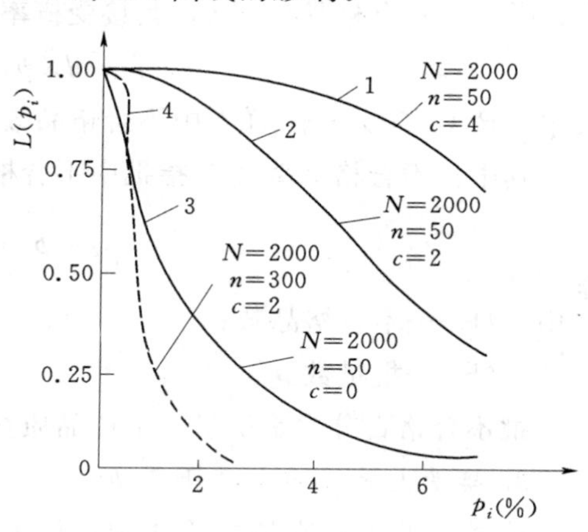

图 5-7　c 对 OC 曲线的影响

因此，人们在实践中可以采取以下措施：在稳定的生产状态下，可以增大产品的批量，以相对降低检验费用，而抽样检验的风险则几乎不变。

（2）OC 曲线的用途。

1）曲线是选择和评价抽样方案的重要工具。由于 OC 曲线能形象地反映出抽样方案的特征，在选择抽样方案过程中，可以通过多个方案 OC 曲线的分析对比，择优使用。

2）估计抽样检验的预期效果。通过 OC 曲线上的点可以估计连续提交批的给出过程平均不合格率和它的接收概率。

（二）计数型抽样检验方案的设计思想

一个合理的抽样方案，不可能要求它保证所接收的产品 100%是合格品，但要求它对于不合格率达到规定标准的批以高概率接收；而对于合格率比规定标准差的批以高概率拒收。

计数型抽样检验方案设计是基于这样的思想，为了同时保障生产方和顾客利益，预先限制两类风险 α 和 β 前提下制定的，所以制定抽样方案时要同时满足：① $p \leqslant p_0$ 时，$L(p) \geqslant 1-\alpha$，也就是当样本抽样合格时，接受概率应该保证大于 $1-\alpha$；② $p \geqslant p_1$ 时，$L(p) \leqslant \beta$，即当样本抽样不合格时，接受概率应该保证小于 β。

1. 确定 α 和 β 值

一个好的抽样方案，就是要同时兼顾生产者和用户的利益，严格控制两类错误判断概率。但是 α、β 不能规定过小，否则会造成样本容量 n 过大，以致无法操作。就一般工业产品而言，α 取 0.05 及 β 取 0.10 最为常见；在工程产品抽检中，α、β 规定多少才合适，目前尚无统一取值标准。但有一点可以肯定，工程产品抽检中，α、β 取值远比工业产品的取值要大，原因是工业产品的样本容量可以大些，而工程产品的样本容量要小些。

2. 确定 p_0 和 p_1

（1）确定 p_0。p_0 的水平受多种因素影响，如产品的检查费用、缺陷类别、对产品的质量要求等。一般通过生产者和用户协商，并辅以必要的计算来确定。它的确定分以下两种情况。

1）根据过去的资料，可以把 p_0 选在过去平均不合格率附近。

2）在缺乏过去资料的情况下，可结合工序能力调查来选择 p_0，$p_0 = p_U + p_L$。其中 p_U 是超上限不合格率，p_L 是超下限不合格率。

（2）确定 p_1。抽样检验方案中，p_1 的选取应与 p_0 拉开一定的距离，p_1 / p_0 过小（如不大于 3），往往增加 n（抽样量），检验成本增加；p_1 / p_0 过大，会导致放松对质量的要求，对使用方不利，对生产方也有压力。一般情况下，p_1 / p_0 取在 4～10 之间。

3. 求 n 和 c 的值

根据 α 和 β、p_0 和 p_1 的值，可以通过查表、计算得出 n，c 的值。

至此，抽样方案即已确定。

三、计量型抽样检验方案

计量抽样检验适用于有较高要求的质量特征值，而它可用连续尺度度量，并服从于正态分布，或经数据处理后服从正态分布。

（一）计量型抽样检验中的几个基本概念

1. 规格限

规格限是指用以判断单位产品某计量质量特征是否合格的界限值。

规定的合格计量质量特征最大值为上规格限（U）；规定的合格计量质量特征最小值是下规格限（L）。

仅对上或下规格限规定了可接受质量水平的规格限称为单侧规格限；同时对上或下规格限规定了可接受质量水平的规格限是双侧规格限。

2. 上质量统计量、下质量统计量

上规格限、样本均值和样本标准差的函数是上质量统计量，符号为 Q_U。

$$Q_U = \frac{U - \overline{X}}{S} \tag{5-3}$$

式中 $\overline{X}$——样本均值；

S——样本标准差。

下规格限，样本均值和样本标准差的函数是下质量统计量，符号为 Q_L。

$$Q_L = \frac{\overline{X} - L}{S} \tag{5-4}$$

3. 接收常数（k）

由可接收质量水平和样本大小所确定的用于判断批接受与否的常数。它给出了可接收批的上质量统计量和（或）下质量统计量的最小值，符号分别为 k、k_{Δ}、和 K_c。

（二）计量型抽样检验方案的设计思想

方案(n,X_L)

样本 n 个测定值为 $X_1,X_2,\cdots,X_n$

$\overline{X}=\frac{1}{n}\sum_{i=1}^{n}X_i$

$X \geqslant X_L$ → 接收

$X < X_L$ → 拒收

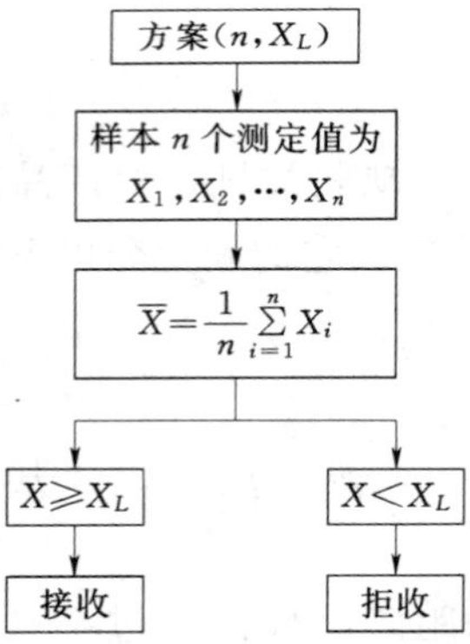

图 5-8 利用均值判定批

计量抽样检验时，对单位产品的质量特征，必须用某种与之对应的连续量（如时间、重量、长度等）实际测量，然后根据统计计算结果（如均值、标准差或其他统计量等）是否符合规定的接收判定值或接收准则，对批进行判定。

抽取大小为 n 的样本，测量其中每个单位产品的计量质量特性值 X，然后计算样本均值 $\overline{X}$ 和样本标准差 S。

（1）根据均值是否符合接收判定值，对批进行判定，如图 5-8 所示。

（2）根据上、下质量统计是否符合接收判定值，对批进行判定。

对于单侧上规格限，计算上质量统计量

$$Q_U = \frac{U - \overline{X}}{S} \tag{5-5}$$

若 $Q_U \geqslant k$，则接收该批；若 $Q_U < k$，则拒收该批。

对于单侧下规格限，计算下质量统计量

$$Q_L = \frac{\overline{X} - L}{S} \tag{5-6}$$

若 $Q_L \geqslant k$，则接收该批；若 $Q_L < k$，则拒收该批。

对于分立双侧规格限，同时计算上、下质量规格限。若 $Q_L \geqslant k_L$，且 $Q_U \geqslant k_U$，则接收该批；若 $Q_L < k_L$ 或 $Q_U < k_U$，则拒收该批。

思　考　题

5-1　什么叫质量检验？质量检验的目的和作用是什么？

5-2　什么叫抽样检验？常用的抽样方法有哪几种？

5-3　计数型抽样检验方案的设计思想是什么？

5-4　计量型抽样检验方案的设计思想是什么？

第六章　水利工程质量事故的分析处理

工程建设中，原则上说是不允许出现质量事故的，但质量事故一般是很难完全避免的。通过承包人的质量保证活动和监理人的质量控制，通常可对质量事故的产生起到防范作用，控制事故后果的进一步恶化，将危害降低到最低限度。监理工作质量控制重点之一就是加强质量风险分析，及时制定对策和措施，重视工程质量事故的防范和处理，避免已发生质量缺陷或质量事故进一步恶化。对于工程建设中出现的质量事故，除非是由监理人员过失或失职所引起，否则监理人并不为之承担责任。但是，监理人应学会区分质量不合格、质量缺陷和质量事故，应该掌握处理质量事故的基本方法和程序，在工程质量事故处理中如何正确协调各方的关系，组织工程质量事故的处理和鉴定验收。

第一节　工程质量事故及其分类

一、工程质量事故

（一）工程质量事故的内涵

根据《水利工程质量事故处理暂行规定》，工程质量事故是指在水利工程建设过程中，由于建设管理、监理、勘测、设计、咨询、施工、材料、设备等原因造成工程质量不符合规程、规范和合同规定的质量标准，影响使用寿命和对工程安全运行造成隐患及危害的事件。

工程如发生质量事故，往往造成停工、返工，甚至影响正常使用，有的质量事故会不断发展恶化，导致建筑物倒塌，并造成重大人身伤亡事故，这些都会给国家和人民造成不应有的损失。

需要指出的是，不少事故开始时经常只被认为是一般的质量缺陷，容易被忽视。随着时间的推移，待认识到这些质量缺陷问题的严重性时，则往往处理困难，或无法补救，或导致建筑物失事。因此，除了明显不会有严重后果的缺陷外，对其他的质量问题，均应认真分析，进行必要的处理，并得出明确的结论。

（二）工程质量事故特点

由于工程项目建设不同于一般的工业生产活动，其实施的一次性、生产组织特有的流动性和综合性、劳动的密集性及协作关系的复杂性，均导致工程质量事故更具有复杂性、严重性、可变性及多发性的特点。

1. 质量事故的复杂性

为了满足各种特定使用功能的需要，以及适应各种自然环境的需要，建设工程产品的种类繁多，特别是水利水电工程，可以说没有一个工程是相同的。此外，即使是同类型的工程，由于地区不同，施工条件不同，可引起诸多复杂的技术问题。尤其需要注意的是，造成质量事故的原因错综复杂，同一形态的质量事故，其原因有时截然不同，因此处理的原则和方法也不同。同时还要注意到，建筑物在使用中也存在各种问题。所有这些复杂的因素，必然导致工程质量事故的性质、危害和处理都很复杂。例如，大坝混凝土的裂缝，原因是很多的，可能是设计不良或计算错误，或温度控制不当，也可能是建筑材料的质量问题，也可能是施工质量低劣以及周围环境变化等诸多原因中的一个或几个造成的。

2. 质量事故的严重性

工程质量事故，有的会影响施工的顺利进行，有的会给工程留下隐患或缩短建筑物的使用年限，有的会影响安全甚至不能使用。在水利水电工程中，最为严重的是会使大坝崩溃，即垮坝，造成严重人员伤亡和巨大的经济损失。所以，对已发现的工程质量问题，决不能掉以轻心，务必及时进行分析，得出正确的结论，采取恰当的处理措施，以确保安全。

3. 质量事故的可变性

工程中的质量问题多数是随时间、环境、施工情况等而发展变化的。例如，大坝裂缝问题，其数量、宽度、深度和长度，会随着水库水位、气温、水温的变化而变化。又如，土石坝或水闸的渗透破坏问题，开始时一般仅下游出现混水或冒砂，当水头增大时，这种混水或冒砂量会增加，随着时间的推移，土坝坝体或地基，或闸底板下地基内的细颗粒逐步被淘走，形成管涌或流土，最终导致溃坝或水闸失稳破坏。因此，一旦发现工程的质量问题，就应及时调查、分析，对那些不断变化，而可能发展成引起破坏的质量事故，要及时采取应急补救措施，对那些表面的质量问题，要进一步查清内部情况，确定问题性质是否会转化；对那些随着时间、水位和温度等条件变化的质量问题，要注意观测、记录，并及时分析，找出其变化特征或规律，必要时及时进行处理。

4. 质量事故的多发性

事故的多发性有两层意思：一是有些事故像“常见病”、“多发病”一样经常发生，而成为质量通病。例如混凝土、砂浆强度不足、混凝土的蜂窝、麻面等；二是有些同类事故一再重复发生，例如，在混凝土大坝施工中，裂缝的出现常会重复发生。

二、质量事故的分类

工程质量事故按直接经济损失的大小，检查、处理事故对工期的影响时间长短和对工程正常使用的影响，分为一般质量事故、较大质量事故、重大质量事故、特大质量事故。

一般质量事故是指对工程造成一定经济损失，经处理后不影响正常使用且不影响使用寿命的事故。

较大质量事故是指对工程造成较大经济损失或延误较短工期，经处理后不影响正常使用但对工程寿命有较大影响的事故。

重大质量事故是指对工程造成重大经济损失或较长时间延误工期，经处理后不影响正常使用但对工程寿命有较大影响的事故。

特大质量事故是指对工程造成特大经济损失或较长时间延误工期，经处理后仍对正常使用和工程寿命造成较大影响的事故。

水利工程质量事故分类标准见表 6-1。

表 6-1　　水利工程质量事故分类标准

损失情况		事故类别			
		特大质量事故	重大质量事故	较大质量事故	一般质量事故
事故处理所需的物质、器材和设备、人工等直接损失费用（人民币：万元）	大体积混凝土、金结制作和机电安装工程	>3000	>500，⩽3000	>100，⩽500	>20，⩽100
	土石方工程，混凝土薄壁工程	>1000	>100，⩽1000	>30，⩽100	>10，⩽30
事故处理所需合理工期（月）		>6	>3，⩽6	>1，⩽3	⩽1
事故处理后对工程功能和寿命影响		影响工程正常使用，需限制运行	不影响正常使用，但对工程寿命有较大影响	不影响正常使用，但对工程寿命有一定影响	不影响正常使用和工程寿命

注　1. 直接经济损失费用为必需条件，其余两项主要适用于大中型工程。
　　2. 小于一般质量事故的质量问题称为质量缺陷。

第二节　工程质量事故原因分析

工程质量事故的分析处理，通常先要进行事故原因分析。在查明原因的基础上：一方面要寻找处理质量事故方法和提出防止类似质量事故发生的措施；另一方面要明确质量事故的责任者，从而明确由谁来承担处理质量事故的费用。

一、质量事故原因概述

（一）质量事故原因要素

质量事故的发生往往是由多种因素构成的，其中最基本的因素有：人、材料、机械、工艺和环境。人的最基本的问题是知识、技能、经验和行为特点等；材料和机械的因素更为复杂和繁多，例如建筑材料、施工机械等存在千差万别；事故的发生也总和工艺及环境紧密相关，如自然环境、施工工艺、施工条件、各级管理机构状况等。由于工程建设往往涉及设计、施工、监理和使用管理等许多单位或部门，因此分析质量事故时，必须对这些基本因素以及它们之间的关系，进行具体的分析探讨，找出引起事故的一个或几个具体原因。

（二）引起事故的直接与间接原因

引发质量事故的原因，常可分为直接原因和间接原因两类。

直接原因主要有人的行为不规范和材料、机械的不符合规定状态。例如，设计人员不遵照国家规范设计，施工人员违反规程作业等，都属人的行为不规范；又如水泥的一些指标不符合要求等，属材料不符合规定状态。

间接原因是指质量事故发生场所外的环境因素，如施工管理混乱、质量检查监督工作失责、规章制度缺乏等。事故的间接原因，将会导致直接原因的发生。

（三）质量事故链及其分析

工程质量事故，特别是重大质量事故，原因往往是多方面的，由单纯一种原因造成的事故很少。如果把各种原因与结果连起来，就形成一条链条，通常称之为事故链。由于原因与结果、原因与原因之间逻辑关系不同，则形成的事故链的形状也不同，主要有以下三种。

（1）多因致果集中型。各自独立的几个原因，共同导致事故发生，称为“集中型”。

（2）因果连锁型。某一原因促成下一要素的发生，这一要素又引发另一要素的出现，这些因果连锁发生而造成的事故，称为“连锁型”事故。

（3）复合型。从质量事故的调查中发现，单纯的集中型或单纯的连锁型均较少，常见的往往是某些因果连锁，又有一些原因集中，最终导致事故的发生，称为“复合型”。

在质量事故的调查与分析中，都涉及人（设计者、操作者等）和物（建筑物、材料、机具等），开始接触到的大多数是直接原因，如果不深入分析和进一步调查，就很难发现间接和更深层的原因，不能找出事故发生的本质原因，就难以避免同类事故的再次发生。因此对一些重大的质量事故，应采用逻辑推理法，通过事故链的分析，追寻事故的本质原因。

二、质量事故一般原因分析

造成工程质量事故的原因多种多样，但从整体上考虑，一般原因大致可以归纳为下列几方面。

（一）违反基本建设程序

基本建设程序是建设项目建设活动的先后顺序，是客观规律的反映，是几十年工程建设正反两方面经验的总结，是工程建设活动必须遵循的先后次序。违反基本建设程序而直接造成工程质量事故的问题有以下几点。

（1）可行性研究不充分。依据资料不充分或不可靠，或根本不做可行性研究。

（2）违章承接建设项目。如越级设计工程和施工，由于技术素质差，管理水平达不到标准要求。

（二）工程地质勘察失误或地基处理失误

工程地质勘察失误或勘测精度不足，导致勘测报告不详细、不准确，甚至错误，不能准确反映地质的实际情况，因而导致严重质量事故。如广东省某水电工程，由于土石料场设计前，对料场的勘察粗糙，达不到精度要求，在工程开工后，料场剥离开挖到了一定程度，才发现该料场的土料不符合设计要求，必须重新选择料场，因而影响到工程的进度和造成了较大的经济损失。

（三）设计方案和设计计算失误

在设计过程中，忽略了该考虑的影响因素，或者设计计算错误，是导致质量重大事故的祸根。如云南省某水电工程，在高边坡处理时，设计者没有充分考虑到地质条件的影响，对明显的节理裂缝重视不够，没有考虑工程措施，以致在基坑开挖时，高边坡大滑坡，造成重大质量事故。致使该工程推迟一年多发电，花费质量事故处理费用上亿元。

（四）人的原因

施工人员的问题，表现以下几点。

（1）施工技术人员数量不足、技术业务素质不高或使用不当。

（2）施工操作人员培训不够，素质不高，对持证上岗的岗位控制不严，违章操作。

（五）建筑材料及制品不合格

不合格工程材料、半成品、构配件或建筑制品的使用，必然导致质量事故或留下质量隐患。常见建筑材料或制品不合格的现象包括以下几点。

（1）水泥：①安定性不合格；②强度不足；③水泥受潮或过期；④水泥标号用错或混用。

（2）钢材：①强度不合格；②化学成分不合格；③可焊性不合格。

（3）砂石料：①岩性不良；②粒径、级配与含泥量不合格；③有害杂质含量多。

（4）外加剂：①外加剂本身不合格；②混凝土和砂浆中掺用外加剂不当。

（六）施工方法

施工方法的问题主要有以下几点。

1. 不按图施工

（1）无图施工。

（2）图纸不经审查就施工。

（3）不熟悉图纸，仓促施工。

（4）不了解设计意图，盲目施工。

（5）未经设计或监理同意，擅自修改设计。

2. 施工方案和技术措施不当

这方面主要表现为以下内容。

（1）施工方案考虑不周。

（2）技术措施不当。

（3）缺少可行的季节性施工措施。

（4）不认真贯彻执行施工组织设计。

（七）环境因素影响

环境因素影响主要有以下内容。

（1）施工项目周期长、露天作业多，受自然条件影响大，地质、台风、暴雨等都能造成重大的质量事故，施工中应特别重视，采取有效措施予以预防。

（2）施工技术管理制度不完善。表现在以下方面。

1）没有建立完善的各级技术责任制。

2）主要技术工作无明确的管理制度。

3）技术交底不认真，又没有书面记录或交底不清。

三、成因分析方法

由于影响工程质量的因素众多，一个工程质量问题的实际发生，既可能因设计计算和施工图纸中存在错误，也可能因施工中出现不合格或质量问题，也可能因使用不当，或者由于设计、施工甚至使用、管理、社会体制等多种原因的复合作用。要分析究竟是哪种原因所引起，必须对质量问题的特征表现，以及其在施工中和使用中所处的实际情况和条件进行具体分析。分析方法很多，但其基本步骤和要领可概括为以下内容。

（一）基本步骤

（1）进行细致的现场调查研究，观察记录全部实况，充分了解与掌握引发质量问题的现象和特征。

（2）收集调查与质量问题有关的全部设计和施工资料，分析摸清工程在施工或使用过程中所处的环境及面临的各种条件和情况。

（3）找出可能产生质量问题的所有因素。

（4）分析、比较和判断，找出最可能造成质量问题的原因。

（5）进行必要的计算分析或模拟试验予以论证确认。

（二）分析要领

分析的要领是逻辑推理法，其基本原理包括以下内容。

（1）确定质量问题的初始点，即所谓原点，它是一系列独立原因集合起来形成的爆发点。因其反映出质量问题的直接原因，而在分析过程中具有关键性作用。

（2）围绕原点对现场各种现象和特征进行分析，区别导致同类质量问题的不同原因，逐步揭示质量问题萌生、发展和最终形成的过程。

（3）综合考虑原因复杂性，确定诱发质量问题的起源点即真正原因。工程质量问题原因分析是对一堆模糊不清的事物和现象客观属性和联系的反映，它的准确性和监理人的能力学识、经验和态度有极大关系，其结果不单是简单的信息描述，而是逻辑推理的产物，其推理可用于工程质量的事前控制。

第三节　水利工程质量事故分析处理程序与方法

工程质量事故分析与处理的主要目的是：正确分析和妥善处理所发生的事故原因，创造正常的施工条件；保证建筑物、构筑物的安全使用，减少事故的损失；总结经验教训，预防事故发生，区分事故责任；了解结构的实际工作状态，为正确选择结构计算简图、构造设计，修订规范、规程和有关技术措施提供依据。

一、水利工程质量事故分析的重要性

质量事故分析的重要性表现为以下方面。

（1）防止事故的恶化。例如，在施工中发现现浇的混凝土梁强度不足，就应引起重视，如尚未拆模，则应考虑何时拆模，拆模时应采取何种补救措施。又如，在坝基开挖中，若发现钻孔已进入坝基保护层，此时就应注意到，若按照这种情况装药爆破对坝基质量的影响，同时及早采取适当的补救措施。

（2）创造正常的施工条件。如发现金属结构预埋件偏位较大，影响了后续工程的施工，必须及时分析与处理后，方可继续施工，以保证工程质量。

（3）排除隐患。如在坝基开挖中，由于保护层开挖方法不当，使设计开挖面岩层较破碎，给坝的稳定性留下隐患，发现这些问题后，应进行详细的分析，查明原因，并采取适当的措施，以及时排除这些隐患。

（4）总结经验教训，预防事故再次发生。如大体积混凝土施工，出现深层裂缝是较普遍的质量事故，因此应及时总结经验教训，杜绝这类事故的发生。

（5）减少损失。对质量事故进行及时的分析，可以防止事故的恶化，及时地创造正常的施工秩序，并排除隐患以减少损失。此外，正确分析事故，找准事故的原因，可为合理地处理事故提供依据，达到尽量减少事故损失的目的。

二、水利工程质量事故处理对发包人和承包人要求

（1）发包人负责组织参建单位制定本工程的质量与安全事故应急预案，建立质量与安全事故应急处理指挥部。

（2）承包人应对施工现场易发生重大事故的部位、环节进行监控，配备救援器材、设备，并定期组织演练。

（3）工程开工前，承包人应根据本工程的特点制定施工现场施工质量与安全事故应急预案，并报发包人备案。

（4）施工过程中发生事故时，发包人承包人应立即启动应急预案。

（5）事故调查处理由发包人按相关规定履行手续。

三、工程质量事故分析处理程序

依据1999年水利部颁发的《水利工程质量事故处理暂行规定》，工程质量事故分析处理程序如图6-1所示。

（一）下达停工指示

事故发生（发现）后，总监理工程师首先向施工单位下达《停工通知》。

事故发生后，施工单位要严格保护现场，采取有效措施抢救人员和财产，防止事故扩大。因

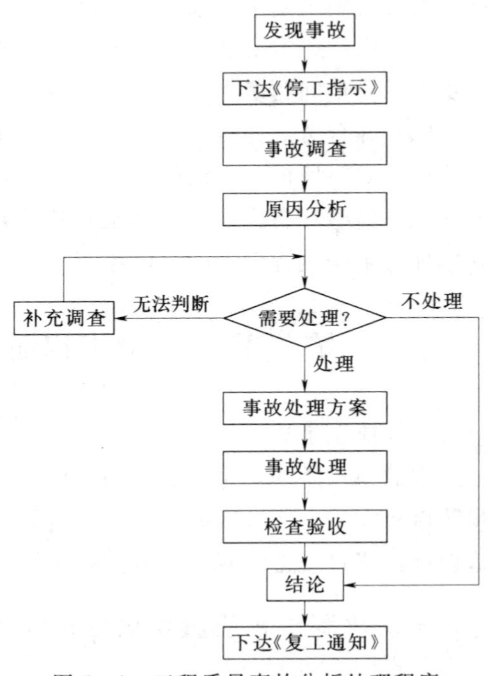

图6-1　工程质量事故分析处理程序

抢救人员、疏导交通等原因需移动现场物件时，应当作出标志、绘制现场简图并作出书面记录，妥善保管现场重要痕迹、物证，并进行拍照或录像。

发生（发现）较大、重大和特大质量事故，事故单位要在48h内向有关单位写出书面报告；突发性事故，事故单位要在4h内电话向有关单位报告。

质量事故的报告制度：发生质量事故后，项目法人必须将事故的简要情况向项目主管部门报告。项目主管部门接到事故报告后，按照管理权限向上级水行政主管部门报告。一般质量事故向项目主管部门报告；较大质量事故逐级向省级水行政主管部门或流域机构报告；重大质量事故逐级向省级水行政主管部门或流域机构报告并抄报水利部；特大质量事故逐级向水利部和有关部门报告。

事故报告应当包括以下内容。

（1）工程名称、建设规模、建设地点、工期，项目法人、主管部门及负责人电话。

（2）事故发生的时间、地点、工程部位以及相应的参建单位名称。

（3）事故发生的简要经过，伤亡人数和直接经济损失的初步估计。

（4）事故发生原因初步分析。

（5）事故发生后采取的措施及事故控制情况。

（6）事故报告单位、负责人及联系方式。

有关单位接到事故报告后，必须采取有效措施，防止事故扩大，并立即按照管理权限向上级部门报告或组织事故调查。

（二）事故调查

发生质量事故，要按照规定的管理权限组织调查组进行调查，查明事故原因，提出处理意见，提交事故调查报告。

一般事故由项目法人组织设计、施工、监理等单位进行调查，调查结果报项目主管部门核备。

较大质量事故由项目主管部门组织调查组进行调查，调查结果报上级主管部门批准并报省级水行政主管部门核备。

重大质量事故由省级以上水行政主管部门组织调查组进行调查，调查结果报水利部核备。

特大质量事故由水利部组织调查。

事故调查组的主要任务包括以下内容。

（1）查明事故发生的原因、过程、财产损失情况和对后续工程的影响。

（2）组织专家进行技术鉴定。

（3）查明事故的责任单位和主要责任者应负的责任。

（4）提出工程处理和采取措施的建议。

（5）提出对责任单位和责任者的处理建议。

（6）提交事故调查报告。

事故调查组提交的调查报告经主持单位同意后，调查工作即告结束。

（三）事故处理

发生质量事故，必须针对事故原因提出工程处理方案，经有关单位审定后实施。

一般质量事故，由项目法人负责组织有关单位制定处理方案并实施，报上级主管部门备案。

较大质量事故，由项目法人负责组织有关单位制定处理方案，经上级主管部门审定后实施，报省级水行政主管部门或流域机构备案。

重大质量事故，由项目法人负责组织有关单位提出处理方案，征得事故调查组意见后，报省级水行政主管部门或流域机构审定后实施。

特大质量事故，由项目法人负责组织有关单位提出处理方案，征得事故调查组意见后，报省级水行政主管部门或流域机构审定后实施，并报水利部备案。

事故处理需要进行设计变更的，需原设计单位或有资质的单位提出设计变更方案。需要进行重大设计变更的，必须经原设计审批部门审定后实施。

（四）检查验收

事故部位处理完成后，必须按照管理权限经过质量评定与验收后，方可投入使用或进入下一阶段施工。

（五）下达《复工通知》

事故处理经过评定和验收后，总监理工程师下达《复工通知》。

（六）事故处罚

（1）对工程事故责任人和单位需进行行政处罚的，由县级以上水行政主管部门或经授权的流域机构按照规定的权限和《水行政处罚实施办法》进行处罚。特大质量事故和降低或吊销有关设计、施工、监理、咨询等单位资质的处罚，由水利部或水利部会同有关部门进行处罚。

（2）由于项目法人责任酿成质量事故，令其立即整改；造成较大以上质量事故的，进行通报批评，调整项目法人；对有关责任人处以行政处分；构成犯罪的，移送司法机关依法处理。

（3）由于监理单位责任造成质量事故，令其立即整改并可处以罚款；造成较大以上质量事故的，处以罚款、通报批评、停业整顿、降低资质等级、直至吊销水利工程监理资质证书；对主要责任人处以行政处分、取消监理从业资格、收缴监理工程师资格证书、监理岗位证书；构成犯罪的，移送司法机关依法处理。

（4）由于咨询、勘测、设计单位责任造成质量事故，令其立即整改并可处以罚款；造成较大以上质量事故的，处以通报批评、停业整顿、降低资质等级、吊销水利工程勘测、设计资格；对主要责任人处以行政处分、取消水利工程勘测、设计执业资格；构成犯罪的，移送司法机关依法处理。

（5）由于施工单位责任造成质量事故，令其立即自筹资金进行事故处理，并处以罚款；造成较大以上质量事故的，处以通报批评、停业整顿、降低资质等级、直至吊销资质证书；对主要责任人处以行政处分、取消水利工程施工执业资格；构成犯罪的，移送司法机关依法处理。

(6) 由于设备、原材料等供应单位责任造成质量事故，对其进行通报批评、罚款；构成犯罪的，移送司法机关依法处理。

(7) 对监督不到位或只收费不监督的质量监督单位处以通报批评、限期整顿、重新组建质量监督机构；对有关责任人处以行政处分、取消质量监督资格；构成犯罪的，移送司法机关依法处理。

(8) 对隐情不报或阻碍调查组进行调查工作的单位或个人，由主管部门视情节给予行政处分；构成犯罪的移送司法机关依法处理。

(9) 对不按规定进行事故的报告、调查和处理而造成事故进一步扩大或贻误处理时机的单位和个人，由上级水行政主管部门给予通报批评，情节严重的，追究其责任人的责任；构成犯罪的，移送司法机关依法处理。

(10) 因设备质量引发的质量事故，按照《中华人民共和国产品质量法》的规定进行处理。

四、工程质量事故处理的依据和原则

(一) 工程质量事故处理的依据

进行工程质量事故处理的主要依据有以下四个方面。

(1) 质量事故的实况资料。

(2) 具有法律效力的，得到有关当事各方认可的工程承包合同、设计委托合同、材料或设备购销合同以及监理合同或分包合同等的合同文件。

(3) 有关的技术文件、档案。

(4) 相关的建设法规。

在以上四方面依据中，前三种是与特定的工程项目密切相关的具有特定性质的依据；第四种法规性依据，是具有很高权威性、约束性、通用性和普遍性的依据，因而它在质量事故的处理事务中，也具有极其重要的作用。

(二) 工程质量事故处理原则

因质量事故造成人身伤亡的，还应遵从国家和水利部伤亡事故处理的有关规定。

发生质量事故，必须坚持“事故原因不查清楚不放过、主要事故责任者和职工未受到教育不放过、补救和防范措施不落实不放过”的原则，认真调查事故原因，研究处理措施，查明事故责任，做好事故处理工作。

由质量事故而造成的损失费用，坚持谁该承担事故责任，由谁负责的原则。质量事故的责任者大致为施工承包人、设计单位以及监理单位和发包人。施工质量事故若是施工承包人的责任，则事故分析和处理中发生的费用完全由施工承包人自己负责；施工质量事故责任者若非施工承包人，则质量事故分析和处理中发生的费用不能由施工承包人承担，而施工承包人可向发包人提出索赔；若是设计单位或监理单位的责任，应按照设计合同或监理委托合同的有关条款，对责任者按情况给予必要的处理。

事故调查费用暂由项目法人垫付，待查清责任后，由责任方偿还。

第四节　工程质量事故处理方案的确定及鉴定验收

本节所指工程质量事故处理方案是指技术处理方案，其目的是消除质量隐患，以达到建筑物的安全可靠和正常使用各项功能及寿命要求，并保证施工的正常进行。其一般处理原则是：正确确定事故性质是表面性还是实质性，是结构性还是一般性，是迫切性还是可缓性；正确确定处理范围，除直接发生部位，还应检查处理事故相邻影响作用范围的结构部位或构件。

事故处理要建立在原因分析的基础上，对有些事故一时认识不清时，只要事故不致产生严重的恶化，可以继续观察一段时间，作进一步的调查分析，不要急于求成，以免造成同一事故多次处理的不良后果。事故处理的基本要求是：安全可靠，不留隐患，满足建筑功能和使用要求，技术可行，经济合理，施工方便。在事故处理中，还必须加强质量检查和验收。对每一个质量事故，无论是否需要处理都要经过分析，得出明确的结论。

尽管对造成质量事故的技术处理方案多种多样，但根据质量事故的情况可归纳为三种类型的处理方案，监理人应掌握从中选择最适用处理方案的方法，方能对相关单位上报的事故技术处理方察作出正确审核结论。

一、工程质量事故处理方案的确定

（一）修补处理

这是最常用的一类处理方察。通常当工程的某个检验批、分项或分部的质量虽末达到规定的规范、标准或设计要求，存在一定缺陷，但通过修补或更换器具、设备后还可达到要求的标准，又不影响使用功能和外观要求，在此情况下，可以进行修补处理。

属于修补处理这类具体方案很多，如封闭保护、复位纠偏、结构补强、表面处理等。某些混凝土结构表面的蜂窝、麻面，经调查分析，可进行剔凿、抹灰等表面处理，一般不会影响其使用和外观。

对较严重的质量问题，可能影响结构的安全性和使用功能，必须按一定的技术方案进行加固补强处理。这样往往会造成一些永久性缺陷，如改变结构外形尺寸，影响一些次要的使用功能等。

（二）返工处理

当工程质量未达到规定的标准和要求，存在的严重质量问题，对结构的使用和安全构成重大影响，且又无法通过修补处理的情况下，可对检验批、分项、分部甚至整个工程返工处理；例如，某防洪堤坝填筑压实后，其压实土的干密度末达到规定值，经核算将影响土体的稳定且不满足抗渗能力要求，可挖除不合格土，重新填筑，进行返工处理。对某些存在严重质量缺陷，且无法采用加固补强等修补处理或修补处理费用比原工程造价还高的工程，应进行整体拆除，全面返工。

（三）不作处理

施工项目的质量问题，并非都要处理，即使有些质量缺陷，虽已超出了国家标准及规范要求，但也可以针对工程的具体情况，经过分析、论证，作出无需处理的结论。总之，对质量问题的处理，也要实事求是，既不能掩饰，也不能扩大，以免造成不必要的经济损失和延误工期。

无需处理的质量问题常有以下几种情况。

（1）不影响结构安全，生产工艺和使用要求。例如，有的建筑物在施工中发生了错位，若要纠正，困难较大，或将造成重大的经济损失。经分析论证，只要不影响工艺和使用要求，可以不作处理。

（2）检验中的质量问题，经论证后可以不作处理。例如，混凝土试块强度偏低，而实际混凝土强度，经测试论证已达到要求，就可不作处理。

（3）某些轻微的质量缺陷，通过后续工序可以弥补的，可不处理。例如，混凝土出现了轻微的蜂窝、麻面，而该缺陷可通过后续工序抹灰、喷涂、刷白等进行弥补，则无需对墙板的缺陷进行处理。

（4）对出现的质量问题，经复核验算，仍能满足设计要求者，可不作处理。例如，结构断面被削弱后，仍能满足设计的承载能力，但这种做法实际上在挖设计的潜力，因此需要特别慎重。

二、质量问题处理的鉴定

质量问题处理是否达到预期的目的，是否留有隐患，需要通过检查验收来得出结论。

事故处理质量检查验收，必需严格按施工验收规范中有关规定进行；必要时，还要通过实测、实量、荷载试验、取样试压，仪表检测等方法来获取可靠的数据。这样，才可能对事故作出明确的处理结论。

事故处理结论的内容有以下几种。

（1）事故已排除，可以继续施工。

（2）隐患已经消除，结构安全可靠。

（3）经修补处理后，完全满足使用要求。

（4）基本满足使用要求，但附有限制条件，如限制使用荷载，限制使用条件等。

（5）对耐久性影响的结论。

（6）对建筑外观影响的结论。

（7）对事故责任的结论等。

此外，对一时难以得出结论的事故，还应进一步提出观测检查的要求。

事故处理后，还必须提交完整的事故处理报告，其内容包括：事故调查的原始资料、测试数据，事故的原因分析、论证，事故处理的依据，事故处理方案、方法及技术措施，检查验收记录，事故无需处理的论证，以及事故处理结论等。

思 考 题

6－1　工程质量事故的特点有哪些？

6－2　工程质量事故是如何分类的？依据是什么？

6－3　造成质量事故的一般原因有哪些？

6－4　简述工程质量事故分析处理的程序。

6－5　工程质量事故处理的原则、方法是什么？

第七章　工程质量控制的统计分析方法

数据反映了产品的质量状况及其变化，是进行质量控制的重要依据。“一切用数据说话”是全面质量管理的观点之一。为了将收集的数据变为有用的质量信息，就必须把收集来的数据进行整理，经过统计分析，找出规律，发现存在的质量问题，进一步分析影响的原因，以便采取相应的对策与措施，使工程质量处于受控状态。质量管理统计分析方法的工作程序如图 7－1 所示。

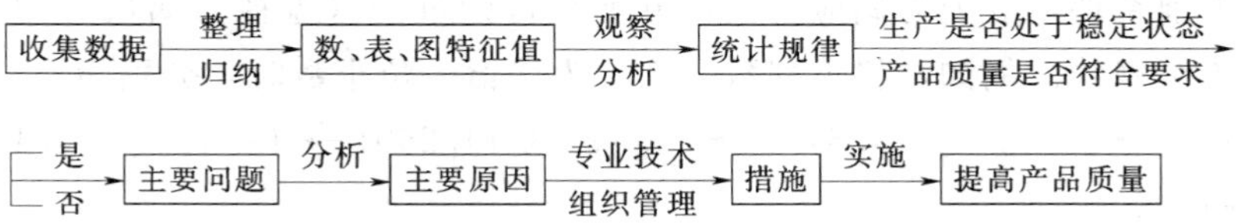

收集数据 →（整理 归纳）→ 数、表、图特征值 →（观察 分析）→ 统计规律 →（生产是否处于稳定状态 产品质量是否符合要求）→

是/否 → 主要问题 →（分析）→ 主要原因 →（专业技术 组织管理）→ 措施 →（实施）→ 提高产品质量

图 7－1　质量管理统计分析方法程序

第一节　质量控制统计分析的基本知识

一、质量数据的分类

质量数据是指对工程（或产品）进行某种质量特性的检查、试验、化验等所得到的量化结果，这些数据向人们提供了工程（或产品）的质量评价和质量信息。

（一）按质量数据的特征分类

按质量数据的本身特征分类可分为计量值数据和计数值数据两种。

1. 计量值数据

计量值数据是指可以连续取值的数据，属于连续型变量。如长度、时间、重量、强度等。这些数据都可以用测量工具进行测量，其特点是在任何两个数值之间都可以取得精度较高的数值。

2. 计数值数据

计数值数据是指只能计数、不能连续取值的数据。如废品的个数、合格的分项工程数、出勤的人数等。此外，凡是由计数值数据衍生出来的量，也属于计数值数据。如合格率、缺勤率等虽都是百分数，但由于它们的分子是计数值，所以它们都是计数值数据。同理，由计量值数据衍生出来的量，也属于计量值数据。

（二）按质量数据收集的目的不同分类

按质量数据收集的目的不同分类，可以分为控制性数据和验收性数据两种。

1. 控制性数据

控制性数据是指以工序质量作为研究对象、定期随机抽样检验所获得的质量数据。它用来分析、预测施工（生产）过程是否处于稳定状态。

2. 验收性数据

验收性数据是以工程产品（或原材料）的最终质量为研究对象，分析、判断其质量是否达到技术标准或用户的要求，而采用随机抽样检验而获取的质量数据。

二、质量数据的整理

1. 数据的修约

过去对数据采取四舍五入的修约规则，但是多次反复使用，将使总值偏大。因此，在质量管理中，建议采用“四舍六入五单双法”修约，即：四舍六入，五后非零时进一，五后皆零时视五前奇偶，五前为偶应舍去，五前为奇则进一（零视为偶数）。此外，不能对一个数进行连续修约。例如，将下列数字修约为保留一位小数时，分别为：

①14.2631→14.3；②14.3426→14.3；③14.2501→14.3；④14.1500→14.2；⑤14.2500→14.2。

2. 总体算术平均数 μ

$$\mu = \frac{1}{N}(X_1 + X_2 + \cdots + X_N) = \frac{1}{N}\sum_{i=1}^{N} X_i \tag{7-1}$$

式中 N——总体中个体数；

X_i——总体中第 i 个的个体质量特性值。

3. 样本算术平均数 $\overline{x}$

$$\overline{x} = \frac{1}{n}(x_1 + x_2 + x_3 + \cdots + x_n) = \frac{1}{n}\sum_{i=1}^{n} x_i \tag{7-2}$$

式中 n——样本容量；

x_i——样本中第 i 个样品的质量特性值。

4. 样本中位数

中位数又称中数。样本中位数就是将样本数据按数值大小有序排列后，位置居中的数值。

当 n 为奇数时

$$\widetilde{X} = x_{\frac{n+1}{2}} \tag{7-3}$$

当 n 为偶数时

$$\widetilde{X} = \frac{1}{2}\left(x_{\frac{n}{2}} + x_{\frac{n+1}{2}}\right) \tag{7-4}$$

5. 极差 R

极差是数据中最大值与最小值之差，是用数据变动的幅度来反映分散状况的特征值。极差计算简单、使用方便，但比较粗略，数值仅受两个极端值的影响，损失的质量信息多，不能反映中间数据的分布和波动规律，仅适用于小样本。其计算公式为

$$R = x_{\max} - x_{\min} \tag{7-5}$$

6. 标准偏差

用极差只反映数据分散程度，虽然计算简便，但不够精确。因此，对计算精度要求较高时，需要用标准偏差来表征数据的分散程度。标准偏差简称标准差或均方差。总体的标准差用 σ 表示，样本的标准差用 S 表示。标准差值小说明分布集中程度高，离散程度小，均值对总体的代表性好；标准差的平方是方差，有鲜明的数理统计特征，能确切说明数据分布的离散程度和波动规律，是最常采用的反映数据变异程度的特征值。其计算公式为：

（1）总体的标准偏差 σ

$$\sigma = \sqrt{\frac{\sum_{i=1}^{n}(x_i - \mu)^2}{N}} \tag{7-6}$$

（2）样本的标准偏差 S

$$S = \sqrt{\frac{\sum_{i=1}^{n}(x_i - \overline{x})^2}{n-1}} \tag{7-7}$$

当样本量（$n \geqslant 50$）足够大时，样本标准偏差 S 接近于总体标准差 σ，式（7－7）中的分母（$n-1$）可简化为 n。

$\overline{x}$ 和 S 分别作为 μ 和 σ 的估计值。

7. 变异系数（离差系数）

标准偏差是反映样本数据的绝对波动状况，当测量较大的量值时，绝对误差一般较大；测量较小的量值时，绝对误差一般较小。因此，用相对波动的大小，即变异系数更能反映样本数据的波动性。变异系数用 C_V 表示，是标准偏差 S 与算术平均值 $\overline{X}$ 的比值，即

$$C_V = \frac{S}{\overline{X}}$$

三、质量数据的分布规律

在实际质量检测中，发现即使在生产过程是稳定正常的情况下，同一总体（样本）的个体产品的质量特性值也是互不相同的。这种个体间表现形式上的差异性，反映在质量数据上即为个体数值的波动性、随机性，然而当运用统计方法对这些大量丰富的个体质量数值进行加工、整理和分析后，又会发现这些产品质量特性值（以计量值数据为例）大多都分布在数值变动范围的中部区域，即有向分布中心靠拢的倾向，表现为数值的集中趋势；还有一部分质量特性值在中心的两侧分布，随着逐渐远离中心，数值的个数变少，表现为数值的离散趋势。质量数据的集中趋势和离散趋势反映了总体（样本）质量变化的内在规律性。质量数据具有个体数值的波动性和总体（样本）分布的规律性。

（一）质量数据波动的原因

在生产实践中，常可看到设备、原材料、工艺及操作人员相同的条件下，生产的同一种产品的质量不同，反映在质量数据上，即具有波动性，亦称为变异性。究其波动的原

因，有来自生产过程和检测过程的，但不管哪一个过程的原因，均可归纳为下列五个方面因素的变化：人的状况，如精神、技术、身体和质量意识等；机械设备、工具等的精度及维护保养状况；材料的成分、性能；方法、工艺、测试方法等；环境，如温度和湿度等。

根据造成质量波动的原因，以及对工程质量的影响程度和消除的可能性，将质量数据的波动分为两大类，即正常波动和异常波动。质量特性值的变化在质量标准允许范围内波动称之为正常波动，是由偶然因素引起的；若是超越了质量标准允许范围的波动则称之为异常波动，是由系统性因素引起的。

1. 偶然性因素

它是由偶然性、不可避免的因素造成的。影响因素的微小变化具有随机发生的特点，是不可避免、难以测量和控制的，或者是在经济上不值得消除，或者难以从技术上消除。如原材料中的微小差异、设备正常磨损或轻微振动、检验误差等。它们大量存在但对质量的影响很小，属于允许偏差、允许位移范畴，引起的是正常波动，一般不会因此造成废品，生产过程正常稳定。通常把 4M1E 因素的这类微小变化归为影响质量的偶然性原因、不可避免原因或正常原因。

2. 系统性因素

当影响质量的 4M1E 因素发生了较大变化，如工人未遵守操作规程、机械设备发生故障或过度磨损、原材料质量规格有显著差异等情况发生时，没有及时排除，生产过程再不正常，产品质量数据就会离散过大或与质量标准有较大偏离，表现为异常波动，次品、废品产生。这就是产生质量问题的系统性原因或异常原因。由于异常波动特征明显，容易识别和避免，特别是对质量的负面影响不可忽视，生产中应该随时监控，及时识别和处理。

（二）质量数据分布的规律性

上面已述及，在正常生产条件下，质量数据仍具有波动性，即变异性。概率数理统计在对大量统计数据研究中，归纳总结出许多分布类型。一般来说，计量连续的数据是属于正态分布。计件值数据服从二项分布，计点值数据服从泊松分布。正态分布规律是各种频率分布中用得最广的一种，在水利工程施工质量管理中，量测误差、土质含水量、填土干密度、混凝土坍落度、混凝土强度等质量数据的频数分布一般认为服从正态分布。

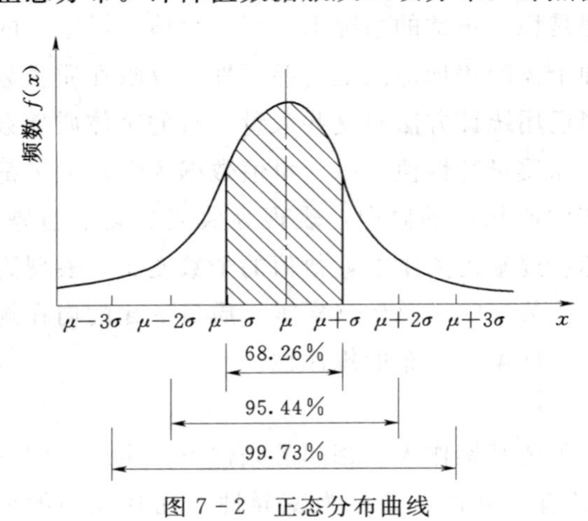

图 7-2　正态分布曲线

正态分布概率密度曲线如图 7-2 所示。从图中可知：

（1）分布曲线关于均值 μ 是对称的。

（2）标准差 σ 大小表达曲线宽窄的程度，σ 越大，曲线越宽，数据越分散；σ 越小，曲线越窄，数据越集中。

（3）由概率论中的概率和正态分布的概

念，查正态分布表可算出：曲线与横坐标轴所围成的面积为1；正态分布总体样本落在（$\mu-\sigma$，$\mu+\sigma$）区间的概率为68.26%；落在（$\mu-2\sigma$，$\mu+2\sigma$）区间的概率为95.44%，落在（$\mu-3\sigma$，$\mu+3\sigma$）区间的概率为99.73%。也就是说，在测试1000件产品质量特性值中，就可能有997件以上的产品质量特性值落在区间（$\mu-3\sigma$，$\mu+3\sigma$）内，而出现在这个区间以外的只有不足3件。这在质量控制中称为“千分之三”原则或者“3σ原则”。这个原则是在统计管理中作任何控制时的理论根据，也是国际上公认的统计原则。

第二节　常用的质量分析工具

利用质量分析方法控制工序或工程产品质量，主要通过数据整理和分析，研究其质量误差的现状和内在的发展规律，据以推断质量现状和将要发生的问题，为质量控制提供依据和信息。所以，质量分析方法本身，仅是一种工具，通过它只能反映质量问题，提供决策依据。真正要控制质量，还是要依靠针对问题所采取的措施。

用于质量分析的工具很多，常用的有直方图法、控制图法、排列图法、分层法、因果分析图法、相关图法和调查表法。

一、直方图

（一）直方图的用途

直方图法即频数分布直方图法，它是将收集到的质量数据进行分组整理，绘制成频数分布直方图，通过频数分布分析研究数据的集中程度和波动范围的统计方法。通过直方图的观察与分析，可了解生产过程是否正常，估计工序不合格品率的高低，判断工序能力是否满足，评价施工管理水平等。

其优点是：计算、绘图方便、易掌握，且直观、确切地反映出质量分布规律。其缺点是：不能反映质量数据随时间的变化；要求收集的数据较多，一般要50个以上，否则难以体现其规律。

（二）直方图的绘制方法

1. 收集整理数据

【例7-1】　某工程浇筑混凝土时，先后取得混凝土抗压强度数据，见表7-1。

表7-1　**混凝土抗压强度数据表**　单位：MPa

行次	试块抗压强度						最大值	最小值
1	39.7	31.3	35.9	32.4	37.1	30.9	39.7	30.9
2	28.9	23.5	30.6	32.0	28.0	28.2	32.0	23.5
3	29.0	25.7	29.1	30.0	20.3	28.6	30.0	20.3
4	20.4	25.0	25.6	26.5	26.9	28.6	28.6	20.4
5	31.2	28.2	30.5	32.0	30.7	31.1	32.0	28.2
6	29.7	30.3	23.3	27.0	23.3	20.9	30.3	20.9

续表

行　次	试块抗压强度						最大值	最小值
7	25.7	36.7	37.6	24.8	27.2	30.1	37.6	24.8
8	26.6	24.6	24.6	25.9	31.1	27.9	31.1	24.6
9	29.0	24.0	28.5	34.3	27.1	35.8	35.8	24.0
10	32.5	35.8	27.4	27.1	28.1	29.7	35.8	27.1
X_{max}，X_{min}							39.7	20.3

2. 计算极差 R

找出全部数据中的最大值与最小值，计算出极差。

本例中 $X_{max}=39.7$，$X_{min}=20.3$，极差 $R=19.4$。

3. 确定组数和组距

（1）确定组数 k。确定组数的原则是分组的结果能正确地反映数据的分布规律。组数应根据数据多少来确定。组数过少，会掩盖数据的分布规律；组数过多，使数据过于零乱分散、也不能显示出质量分布状况。一般可由经验数值确定，50～100 个数据时，可分为 6～10 组；100～250 个数据时，可分为 7～12 组；数据 250 个以上时，可分为 10～20 组；本例中取组数 $k=7$。

（2）确定组距 h。组距是组与组之间的间隔，也即一个组的范围。各组距应相等，于是

组距＝极差/组数

本例中组距 $h=19.4/7=2.77$，为了计算方便，这里取 $h=2.78$。

其中，组中值按下式计算

某组组中值＝（某组下界限值＋某组上界限值）/2

4. 确定组界值

确定组界值就是确定各组区间的上、下界值。为了避免 X_{min} 落在第一组的界限上，第一组的下界值应比 X_{min} 小；同理，最后一组的上界值应比 X_{max} 大。此外，为保证所有数据全部落在相应的组内，各组的组界值应当是连续的；而且组界值要比原数据的精度提高一级。

一般以数据的最小值开始分组。第一组上、下界值按下式计算：

第一组下界限值

$$X_{min}-\frac{h}{2}=20.3-\frac{2.78}{2}=18.91$$

第一组上界限值

$$X_{min}+\frac{h}{2}=20.3+\frac{2.78}{2}=21.69$$

第一组的上界限值就是第二组的下界限值；第二组的上界限值等于下界限值加组距 h，其余类推。

5. 编制数据频数统计表

编制数据频数统计表，见表 7-2。

表 7－2　　　　　　　　　　　　　　计　算　表

组　号	组区间值	组中值	频数统计	频数 f	频率（%）
1	18.91～21.69	20.3	下	3	5
2	21.69～24.47	23.8	正　丅	7	11.7
3	24.47～27.25	25.85	正　正　下	13	21.7
4	27.25～30.03	28.63	正　正　正　正　一	21	35
5	30.03～32.81	31.41	正　止	9	15
6	32.81～35.59	34.19	正	5	8.3
7	35.59～38.37	36.97	丅	2	3.3
总计				60	

6. 绘制频数分布直方图

以频率为纵坐标，以组中值为横坐标，画直方图，如图 7－3 所示。

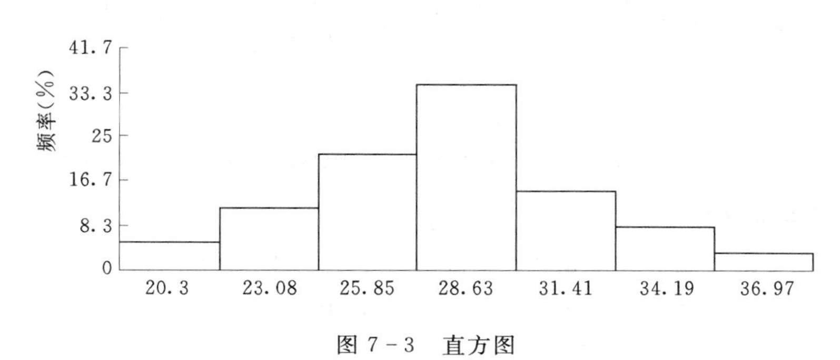

图 7－3　直方图

（三）直方图的判断和分析

通过用直方图分布和公差比较判断工序质量，如发现异常，应及时采取措施预防产生不合格品。

1. 理想直方图（图 7－4）

它是左右基本对称的对称的单峰型。直方图的分布中心 $\overline{x}$ 与公差中心 μ 重合；直方图位于公差范围之内，即直方图宽度 B 小于公差 T。可以取 $T\approx 6S$。如图 7－4（a）所示。其中 S 为检测数据的标准差。

对于［例 7－1］，直方图是左右基本对称的单峰型；$S=4.2$，$B=19.4$。$B<6S$；所以是正常型的直方图。说明混凝土的生产过程正常。

2. 非正常型直方图

出现非正常型直方图时，表明生产过程或收集数据作图有问题。这就要求进一步分析判断找出原因，从而采取措施加以纠正。凡属非正常型直方图，其图形分布有各种不同缺陷，归纳起来一般有五种类型。

（1）折齿型。是由于分组过多或组距太细所致，如图 7－4（b）所示。

（2）孤岛型。是由于原材料或操作方法的显著变化所致，如图 7－4（c）所示。

（3）双峰型。是由于将来自两个总体的数据（如两种不同材料、两台机器或不同操作方法）混在一起所致，如图 7－4（d）所示。

（4）缓坡型。图形向左或向右呈缓坡状，即平均值 $\overline{X}$ 过于偏左或偏右，这是由于工序施工过程中的上控制界限或下控制界限控制太严所造成的。如图 7－4（e）所示。

（5）绝壁型。是由于收集数据不当，或是人为剔除了下限以下的数据造成的。如图 7－4（f）所示。

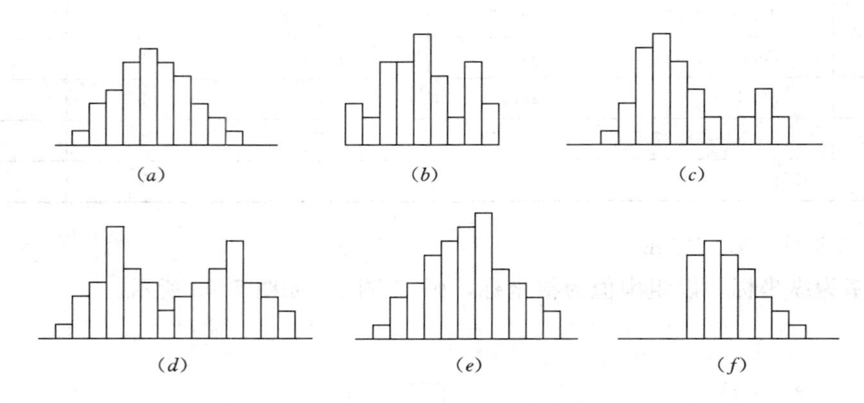

图 7－4　直方图

（a）理想型；（b）折齿型；（c）孤岛型；（d）双峰型；（e）缓坡型；（f）绝壁型

（四）废品率的计算

由于计量连续的数据一般是服从正态分布的，所以根据标准公差上限 T_U，标准公差下限 T_L 和平均值 $\overline{X}$、标准偏差 S 可以推断产品的废品率，如图 7－5 所示。计算方法如下：

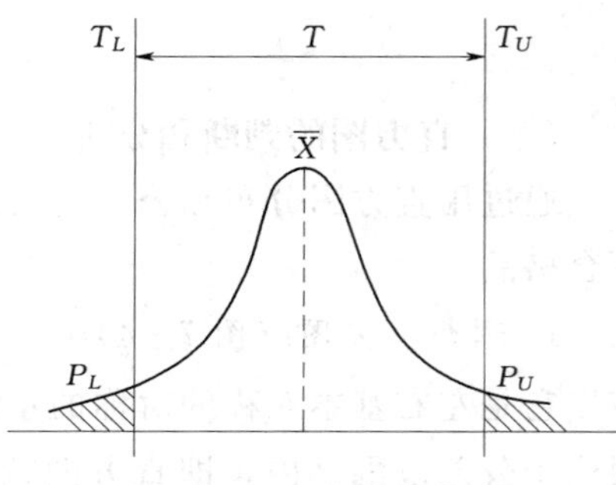

图 7－5　正态分布曲线

1. 超上限废品率 P_U 的计算

先求出超越上限的偏移系数

$$K_{PU}=\frac{|T_U-\overline{X}|}{S} \tag{7-7}$$

然后根据它查正态分布表，求得超上限的废品率 P_U。

2. 超下限废品率 P_L 的计算

先求出超越下限的偏移系数

$$K_{PL}=\frac{|T_L-\overline{X}|}{S} \tag{7-8}$$

再依据它查正态分布表，得出超下限的废品率 P_L。

3. 总废品率

$$P=P_U+P_L$$

【例 7－2】　资料数据同［例 7－1］，若设计要求标号为 C20（强度为 20.0MPa），其下限值按施工规范不得低于设计值的 15%，即 $T_L=20.0\times(1-0.15)=17.0$MPa。求废品率。

解：由于混凝土强度不存在超上限废品率的问题，由［例 7－1］可知：$\overline{X}=28.8$，

$S=4.13$

因此：$$K_{PL}=\frac{|T_L-\overline{X}|}{S}=\frac{|17-28.8|}{4.13}=2.86$$

查正态分布表，$P_L=0.2\%$。所以总废品率 $P=0.2\%$。

（五）工序能力指数 C_p

工序能力能否满足客观的技术要求，需要进行比较度量，工序能力指数就是表示工序能力满足产品质量标准的程度的评价指标。所谓产品质量标准，通常指产品规格，工艺规范，公差等。工序能力指数一般用符号 C_p 表示，则将正常型直方图与质量标准进行比较，即可判断实际生产施工能力。

1. T 表示质量标准要求的界限，B 代表实际质量特性值分布范围

比较结果一般有以下几种情况。

（1）B 在 T 中间，两边各有一定余地，这是理想的控制状态，如图 7－6（a）所示。

（2）B 虽在 T 之内，但偏向一侧，有可能出现超上限或超下限不合格品，要采取纠正措施，提高工序能力，如图 7－6（b）所示。

（3）B 与 T 重合，实际分布太宽，极易产生超上限与超下限的不合格品，要采取措施，提高工序能力，如图 7－6（c）所示。

（4）B 过分小于 T，说明工序能力过大，不经济，如图 7－6（d）所示。

（5）B 过分偏离了的中心，已经产生超上限或超下限的不合格品，需要调整，如图 7－6（e）所示。

（6）B 大于 T，已经产生大量超上限与超下限的不合格品，说明工序能力不能满足技术要求，如图 7－6（f）所示。

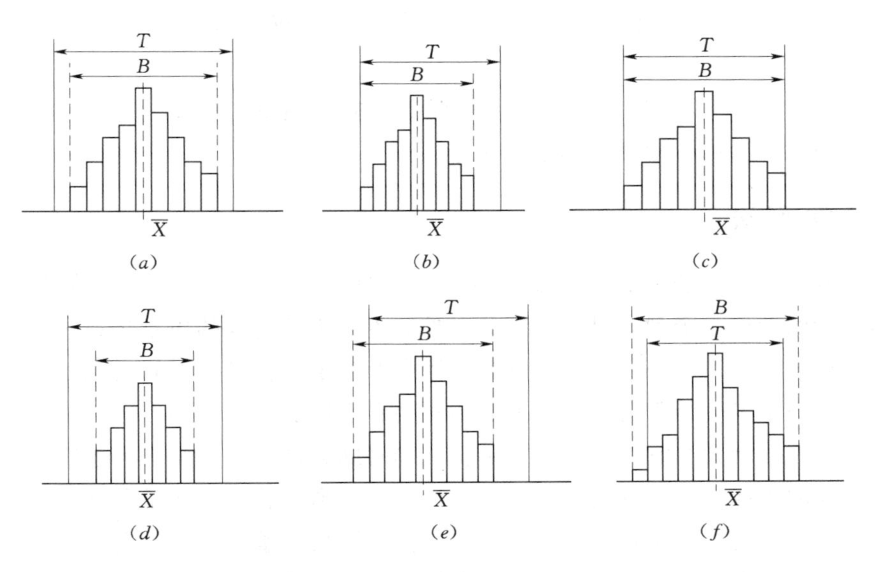

图 7－6　工序能力分析图

2. 工序能力指数 C_p 的计算

（1）对双侧限而言，当数据的实际分布中心与要求的标准中心一致时，即无偏的工序

能力指数为

$$C_p = \frac{T_U - T_L}{6S} \tag{7-9}$$

当数据的实际分布中心与要求的标准中心不一致时，即有偏的工序能力指数为

$$C_{pk} = C_p(1-K) = \frac{T}{6S}(1-K) \tag{7-10}$$

$$K = \frac{a}{T/2} = \frac{|2a|}{T},\ a = \frac{T_U + T_L}{2} - \overline{X}$$

式中 T——标准公差；

T_U、T_L——标准公差上限及下限；

a——偏移量；

K——偏移系数。

（2）对于单侧限，即只存在 T_U或 T_L时，工序能力指数 C_p的计算公式应作如下修改。

若仅存在 T_L，则

$$C_p = \frac{\mu - T_L}{3S} \tag{7-11}$$

若仅存在 T_U，则

$$C_p = \frac{T_U - \mu}{3S} \tag{7-12}$$

式中 μ——标准（设计）中心值。

当数据的实际中心与要求的中心不一致时，同样应该用偏移系数 K 对 C_p 进行修正，得到单侧限有偏的工序能力指数 C_{pk}。

值得注意的是，不论是双侧限还是单侧限情况，仅当偏移量较小时，所得 C_{pk} 才合理。

一般而言，当 $1.33 < C_p \leqslant 1.67$ 时，说明工程能力良好；当 $C_p = 1.33$ 时，说明工程能力勉强；当 $C_p < 1$ 时，说明工程能力不足。

二、控制图法

前述直方图，它所表示的都是质量在某一段时间里的静止状态。但在生产工艺过程中，产品质量的形成是个动态过程。因此，控制生产工艺过程的质量状态，就成了控制工程质量的重要手段。这就必须在产品制造过程中及时了解质量随时间变化的状况，使之处于稳定状态，而不发生异常变化，这就需要利用管理图法。

管理图又称控制图，它是指以某质量特性和时间为轴，在直角坐标系所描的点，依时间为序所连成的折线，加上判定线以后，所画成的图形。管理图法是研究产品质量随着时间变化，如何对其进行动态控制的方法。它的使用可使质量控制从事后检查转变为事前控制。借助于管理图提供的质量动态数据，人们可随时了解工序质量状态，发现问题、分析原因，采取对策，使工程产品的质量处于稳定的控制状态。

控制图一般有三条线：上面的一条线为控制上限，用符号 *UCL* 表示；中间的一条叫

中心线，用符号 CL 表示；下面的一条叫控制下限，用符号 LCL 表示，如图 7-7 所示。

在生产过程中，按规定取样，测定其特性值，将其统计量作为一个点画在控制图上，然后连接各点成一条折线，即表示质量波动情况。

应该指出，这里的控制上下限和前述的标准公差上下限是两个不同的概念，不应混淆。控制界限是概率界限，而公差界限是一个技术界限。控制界限用于判断工序是否正常。控制界限是根据生产过程处于控制状态下，所取得的数据计算出来的；而公差界限是根据工程的设计标准而事先规定好的技术要求。

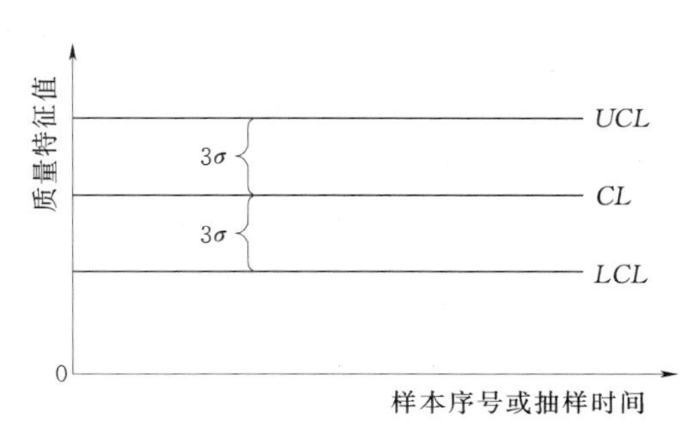

图 7-7 控制图

（一）控制图的种类

按照控制对象，可将双侧控制图分为计量双侧控制图和计数双侧控制图两种。

计量双侧控制图包括：平均值—极差双侧控制图（$\overline{X}$—R 图），中位数—极差双侧控制图（$\widetilde{X}$—R 图），单值—移动极差双侧控制图（X—R_S 图）。

计数双侧控制图包括：不合格品数双侧控制图（Pn 图），不合格品率双侧控制图（P 图），缺陷数双侧控制图（C 图），单位缺陷数双侧控制图（u 图）。

这里只介绍平均值—极差双侧控制图（$\overline{X}$—R）。$\overline{X}$ 管理图是控制其平均值，极差 R 管理图是控制其均方差。通常这两张图一起用。

（二）控制图的绘制

原材料质量基本稳定的条件下，混凝土强度主要取决于水灰比，因此可以通过控制水灰比来间接的控制强度。为说明管理图的控制方法，以设计水灰比＝0.50 为例，绘制水灰比的 $\overline{X}$—R 管理图。

（1）收集预备数据。在生产条件基本正常的条件下，分盘取样，测定水灰比，每班取得 $n=3\sim5$ 个数据（一个数据为两次试验的平均值）作为一组，抽取的组数 $t=20\sim30$ 组，见表 7-3。

本例收集 25 组数据。

（2）计算各组平均值 $\overline{X}$ 和极差 R，计算结果记在右侧两栏。

（3）计算管理图的中心线，即 $\overline{X}$ 的平均值 $\overline{\overline{X}}$；计算 R 管理图的中心线，即 R 的平均值 $\overline{R}$。

$$\overline{\overline{X}}=\frac{\sum\overline{X}_i}{t}\qquad \overline{R}=\frac{\sum R_i}{t}$$

本例中，$\overline{\overline{X}}=0.499$，$\overline{R}=0.068$。

（4）计算管理界限。

$\overline{X}$ 管理图：

中心线 $CL=\overline{\overline{X}}$

上管理界限 $UCL=\overline{\overline{X}}+A_2\overline{R}$

表 7-3 $\overline{X}$～R 双侧控制图数据表

组号	9月（日期）	X_1	X_2	X_3	X_4	$\sum X_i$	$\overline{X}$	R
1	5	0.51	0.46	0.50	0.54	2.01	0.502	0.080
2	6	0.45	0.54	0.50	0.52	2.01	0.502	0.090
3	7	0.51	0.54	0.53	0.47	2.05	0.512	0.070
4	8	0.53	0.45	0.49	0.46	1.93	0.482	0.070
5	9	0.55	0.50	0.46	0.50	2.01	0.502	0.090
6	10	0.47	0.52	0.47	0.48	1.94	0.485	0.050
7	11	0.54	0.48	0.50	0.50	2.02	0.505	0.060
8	12	0.53	0.51	0.53	0.46	2.03	0.508	0.070
9	13	0.46	0.54	0.47	0.49	1.96	0.490	0.080
10	14	0.52	0.55	0.46	0.51	2.04	0.510	0.090
11	15	0.47	0.54	0.47	0.47	1.95	0.488	0.070
12	16	0.53	0.51	0.46	0.52	2.02	0.505	0.070
13	17	0.48	0.51	0.51	0.48	1.98	0.495	0.030
14	18	0.45	0.47	0.50	0.53	1.95	0.488	0.080
15	19	0.51	0.52	0.53	0.54	2.10	0.525	0.030
16	20	0.46	0.52	0.48	0.49	1.95	0.488	0.060
17	21	0.49	0.46	0.50	0.53	1.98	0.495	0.070
18	22	0.53	0.49	0.51	0.52	2.05	0.512	0.040
19	23	0.48	0.47	0.48	0.49	1.92	0.480	0.020
20	24	0.45	0.49	0.50	0.55	1.99	0.498	0.100
21	25	0.47	0.51	0.51	0.53	2.02	0.505	0.060
22	26	0.54	0.50	0.46	0.49	1.99	0.498	0.080
23	27	0.46	0.50	0.51	0.53	2.00	0.500	0.070
24	28	0.55	0.47	0.48	0.49	1.99	0.498	0.080
25	29	0.52	0.47	0.56	0.50	2.05	0.512	0.090

下管理界限 $LCL=\overline{\overline{X}}-A_2\overline{R}$

$\overline{R}$管理图：

中心线 $CL=\overline{R}$

上管理界限 $UCL=D_4\overline{R}$

下管理界限 $LCL=D_3\overline{R}$ （$n\leqslant 6$ 时不考虑）

式中 A_2、D_3、D_4——随 n 变化的系数。其值见表 7-4。

表 7-4　　系数 A_2、D_3 和 D_4 随 n 变化的数据表

n	2	3	4	5	6	7	8	9	10
A_2	1.880	1.023	0.729	0.577	0.483	0.419	0.373	0.337	0.308
D_3	—	—	—	—	—	0.076	0.136	0.184	0.223
D_4	3.267	2.575	2.282	2.115	2.004	1.924	1.864	1.816	1.777

本例计算结果如下：

$\overline{X}$ 管理图：

中心线　　$CL=\overline{\overline{X}}=0.499$

上管理界限　　$UCL=\overline{\overline{X}}+A_2\overline{R}=0.499+0.729\times0.068=0.549$

下管理界限　　$LCL=\overline{\overline{X}}-A_2\overline{R}=0.499-0.729\times0.068=0.450$

$\overline{R}$ 管理图：

中心线　　$CL=\overline{R}=0.068$

上管理界限　　$UCL=D_4\overline{R}=0.155$

下管理界限　　$LCL=D_3\overline{R}=0$　　（$n\leqslant6$ 时不考虑）

（5）画管理界限并打点，如图 7-8、图 7-9 所示。

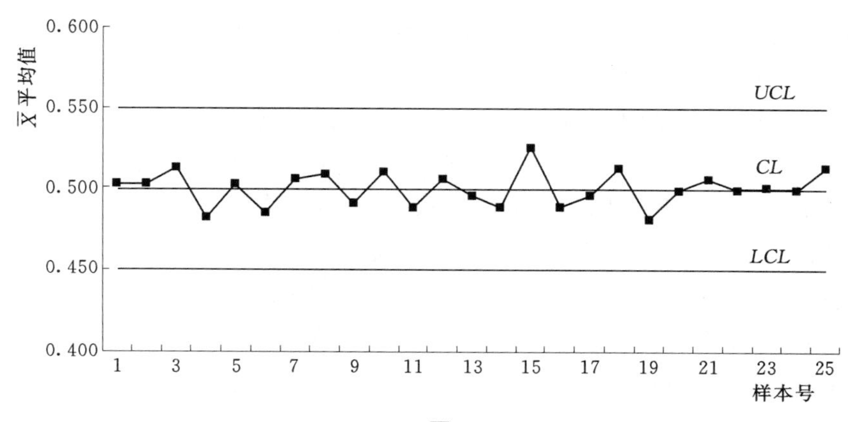

图 7-8　$\overline{X}$ 控制图

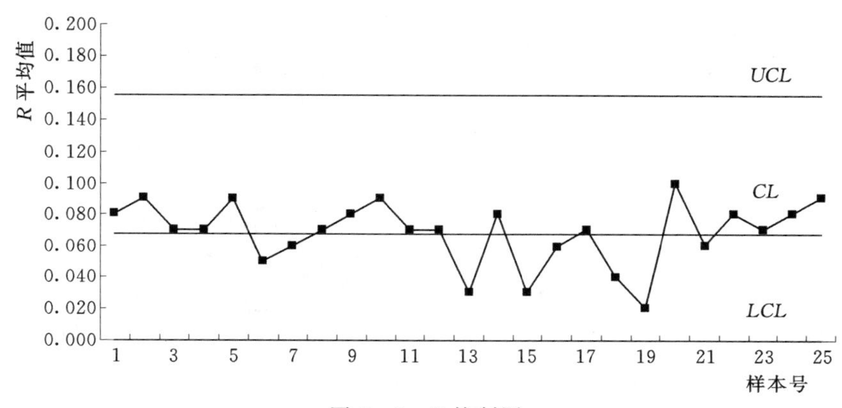

图 7-9　R 控制图

（三）控制图的分析与判断

绘制控制图的主要目的是分析判断生产过程是否处于稳定状态。控制图主要通过研究点子是否超出了控制界线以及点子在图中的分布状况，以判定产品（材料）质量及生产过程是否稳定，有否出现异常现象。如果出现异常，应采取措施，使生产处于控制状态。

控制图的判定原则是：对某一具体工程而言，小概率事件在正常情况下不应该发生。换言之，如果小概率时间在一个具体工程中发生了，则可以判定出现了某种异常现象，否则就是正常的。由此可见，控制图判断的基本思想可以概括为“概率性质的反证法”，即借用小概率事件在正常情况下不应发生的思想作出判断。这里所指的小概率事件是指概率小于1%的随机事件。主要从以下四个方面来判断生产过程是否稳定。

（1）连续的点全部或几乎全部落在控制界线内，如图 7－10（a）所示。经计算得到：

1）连续 25 点无超出控制界线者。

2）连续 35 点中最多有一点在界外者。

3）连续 100 点中至多允许有 2 点在界外者。

以上这三种情况均为正常。

（2）点在中心线附近居多，即接近上、下控制界线的点不能过多。接近控制界线是指点子落在了 $\mu\pm2\sigma$ 以外和 $\mu\pm3\sigma$ 以内。如属下列情况判定为异常：连续 3 点至少有 2 点接近控制界线。连续 7 点至少有 3 点接近控制界线。连续 10 点至少有 4 点接近控制界线。

（3）点在控制界线内的排列应无规律。以下情况为异常：

1）连续 7 点及其以上呈上升或下降趋势者，如图 7－10（b）所示。

2）连续 7 点及其以上在中心线两侧呈交替性排列者。

3）点的排列呈周期性者，如图 7－10（c）所示。

（4）点在中心线两侧的概率不能过分悬殊，如图 7－10（d）所示。以下情况为异常：连续 11 点中有 10 点在同侧；连续 14 点中有 12 点在同侧；连续 17 点中有 14 点在同侧；连续 20 点中有 16 点在同侧。

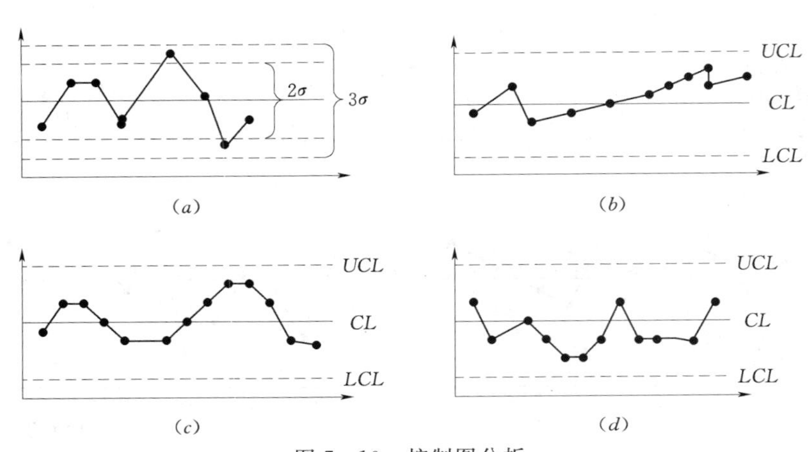

图 7－10　控制图分析

三、排列图法

排列图法又称巴雷特图法，也叫主次因素分析图法，它是分析影响工程（产品）质量主要因素的一种有效方法。

（一）排列图的组成

排列图是由一个横坐标，两个纵坐标．若干个矩形和一条曲线组成，如图 7－11 所示。图中左边纵坐标表示频数，即影响调查对象质量的因素至复发生或出现次数（个数、点数）；横坐标表示影响质量的各种因素，按出现的次数从多至少、从左到右排列；右边的纵坐标表示频率，即各因素的频数占总频数的百分比；矩形表示影响质量因素的项目或特性，其高度表示该因素频数的高低；曲线表示各因素依次的累计频率，也称为巴雷特曲线。

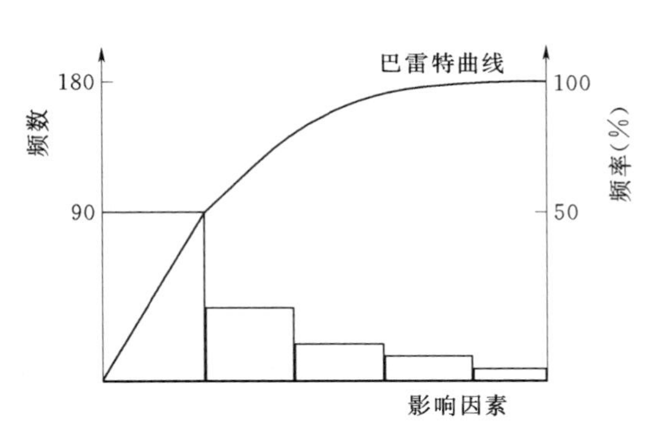

图 7－11 排列图组成

（二）排列图的绘制

（1）收集数据。对已经完成的分部、单元工程或成品、半成品所发生的质量问题，进行抽样检查，找出影响质量问题的各种因素，统计各种因素的频数，计算频率和累计频率，见表 7－5。

表 7－5 排列图计算表

序号	不合格项目	不合格构件（件）	不合格率（%）	累计不合格率（%）
1	构件强度不足	78	56.5	56.5
2	表面有麻面	30	21.7	78.2
3	局部有漏筋	15	10.9	89.1
4	振捣不密实	10	7.2	96.3
5	养护不良早期脱水	5	3.7	100.0
合计		138	100.0	

（2）作排列图。

1）建立坐标。右边的频率坐标从 0～100%划分刻度；左边的频数坐标从到总频数划分割度，总频数必须与频率坐标上的 100%成水平线；横坐标按因素的项目划分刻度，按照频数的大小依次排列。

2）画直方图形。根据各因素的频数，依照频数坐标画出直方形（矩形）。

3）画巴雷特曲线。根据各因素的累计频率，按照频率坐标上刻度描点，连接各点即为巴雷特曲线（或称巴氏曲线）。如图 7－12 所示。

（三）排列图分析

通常将巴氏曲线分成三个区：A 区、B 区和 C 区。累计频率在 80%以下的叫 A 区，

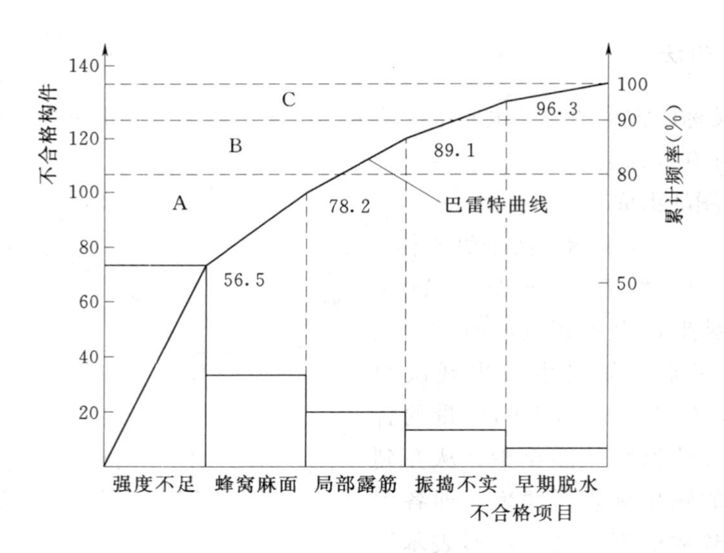

图 7-12　排列图

其所包含的因素为主要因素或关键项目，是应解决的重点；累计频率在 80%～90%的为 B 区，其所包含的因素为次要因素；累计频率在 90%～100%的区域为 C 区，为一般因素，一般不作为解决的重点。

（四）排列图的作用

排列图的主要作用如下：

（1）找出影响质量的主要因素。影响工程质量的因素是多方面的，有的占主要地位，有的占次要地位。用排列图法，可方便地从众多影响质量因素中找出影响质量的主要因素，以确定改进的重点。

（2）评价改善管理前后的实施效果。对其质量问题解决后，通过绘制排列图，可直观的看出管理前后某种因素的变化。评价改善管理的效果，进而指导管理。

（3）可使质量管理工作数据化、系统化、科学化。它所确定的影响质量主要因素不是凭空设想，而是有数据根据的。同时，用图形表达后，各级管理人员和生产工人都可以看懂，一目了然，简单明确。

四、分层法

分层法又叫分类法，是将调查收集的原始数据，根据不同的目的和要求，按某一性质进行分组、整理的分析方法。分层的结果使数据各层间的差异突出地显示出来，层内的数据差异减少了，在此基础上再进行层间、层内的比较分析。可以更深入地发现和认识质量问题的原因，由于产品质量是多方面因素共同作用的结果，因而对同一批数据，可以按不同性质分层，使人们能从不同来角度来考虑、分析产品存在和质量影响因素。

常见的分层标志包括以下几点。

（1）按操作班组或操作者分层。

（2）按使用机械设备型号分层。

(3) 按操作方法分层。

(4) 按原材料供应单位、供应时间或等级分层。

(5) 按施工时间分层。

(6) 按检查手段、工作环境等分层。

现举例说明分层法的应用。

钢筋焊接质量的调查分析，共检查了50个焊接点，其中不合格19个，不合格率为38%，存在严重的质量问题，试用分层法分析质量问题的原因。

现已查明这批钢筋的焊接是由A、B、C三个师傅操作的，而焊条是由甲、乙两个厂家提供的，因此，分别拉操作者和焊条生产厂家进行分层分析，即考虑一种因素单独的影响，见表7-6和表7-7。

表7-6　　按操作者分层

操作者	不合格	合　格	不合格率（%）
A	6	13	32
B	3	9	25
C	10	9	53
合计	19	31	38

表7-7　　按供应焊条厂家分层

工　厂	不合格	合　格	不合格率（%）
甲	9	14	39
乙	10	17	37
合计	19	31	38

由表7-6和表7-7分层分析可见，操作者B的质量较好，不合格率25%；而不论是采用甲厂还是乙厂的焊条，不合格率都很高而且相差不大。

分层法是质量控制统计分析方法中最基本的一种方法。其他统计方法一般都要与分层法配合使用。如排列图法、直方图法、控制图法、相关图法等。常常是首先利用分层将原始数据分门别类，然后再进行统计分析的。

五、因果分析图法

（一）因果分析图概念

因果分析图法是利用因果分析图来系统整理分析某个质量问题（结果）与其产生原因之间关系的有效工具，因果分析图也称特性要因图，又因其形状常被称为树枝图或鱼刺图。因果分析图基本形式如图7-13所示。

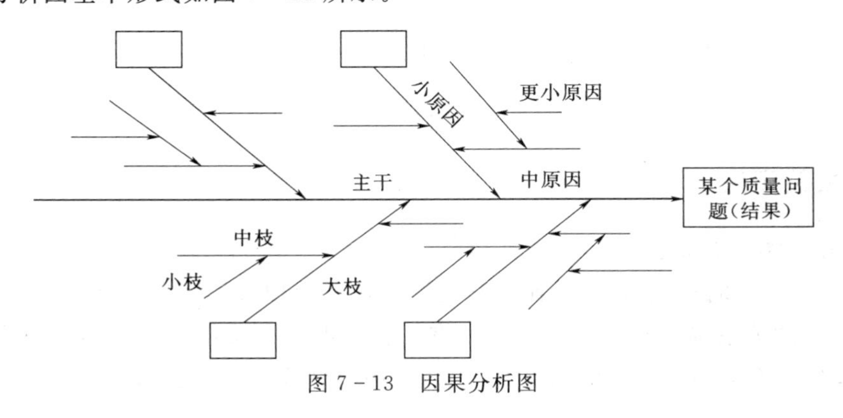

图7-13　因果分析图

从图 7－13 可见，因果分析图由质量特性（即指某个质量问题）、要因（产生质量问题的主要原因）、枝干（指一系列箭线表示不同层次的原因）、主干（指较粗的直接指向质量问题的水平箭线）等所组成。

（二）因果分析图绘制

下面结合实例加以说明。

【例 7－3】 绘制混凝土强度不足的因果分析图。

因果分析图的绘制步骤与图中箭头方向恰恰相反，是从“结果”开始将原因逐层分解的，具体步骤如下：

（1）明确质量问题—结果。该例分析的质量问题是“混凝土强度不足”，作图时首先由左至右画出一条水平主干线，箭头指向一个矩形框，框内注明研究的问题，即结果。

（2）分析确定影响质量特性大的方面原因。一般来说，影响质量因素有五大方面，即人、机械、材料、方法、环境等。另外还可以按产品的生产过程进行分析。

（3）将每种大原因进一步分解为中原因、小原因，直至分解的原因可以来取具体措施加以解决为止。

（4）检查图中的所列原因是否齐全，可以对初步分析结果广泛征求意见补充及修改。

（5）选择出影响大的关键因素，以便重点采取措施。

图 7－14 是混凝土强度不足的因果分析图。

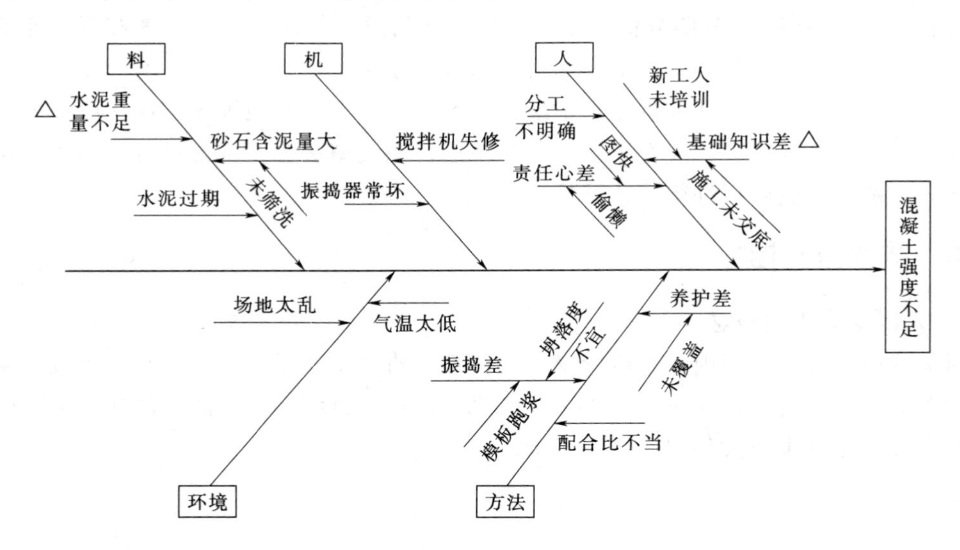

图 7－14 混凝土强度不足因果分析图

六、相关图法

（一）相关图法的概念

相关图又称散布图。在质量控制中它是用来显示两种质量数据之间关系的一种图形。质量数据之间的关系多属相关关系。一般有三种类型：①质量特性和影响因素之间的关系；②质量特性和质量特性之间的关系；③影响因素和影响因素之间的关系。

可以用 Y 和 X 分别表示质量特性值和影响因素，通过绘制散布图，计算相关系数等，分析研究两个变量之间是否存在相关关系，以及这种关系密切程度如何，进而对相关程度密切的两个变量，通过对其中一个变量的观察控制，去估计控制另一个变量的数值，以达到保证产品质量的目的。这种统计分析方法，称为相关图法。

（二）相关图的绘制方法

1. 收集数据

要成对地收集两种质量数据，数据不得过少。本例收集数据见表 7-8。

表 7-8　　相关图数据表

序号		1	2	3	4	5	6	7	8
X	水灰比（W/C）	0.4	0.45	0.5	0.55	0.6	0.65	0.7	0.75
Y	强度（MPa）	36.3	35.3	28.2	24.0	23.0	20.6	18.4	15.0

2. 绘制相关图

在直角坐标系中，一般 X 轴用来代表原因的量或较易控制的量，本例中表示水灰比；Y 轴用来代表结果的量或不易控制的量，本例中表示强度。然后将数据中相应的坐标位置上描点，便得到散布图，如图 7-15 所示。

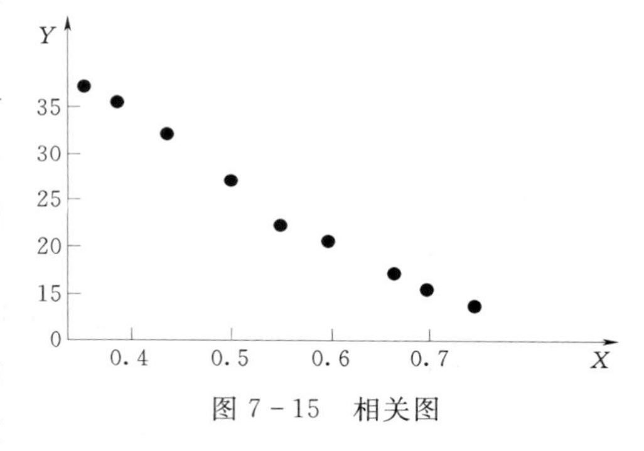

图 7-15　相关图

（三）相关图的观察和分析

相关图中点的集合，反映了两种数据之间的散布状况，根据散布状况可以分析两个变量之间的关系。归纳起来有以下六种类型，如图 7-16 所示。

（1）正相关［图 7-16（a）］。散布点基本形成由左至右向上变化的一条直线带，即随 x 增加，y 值也相应增加，说明 x 与 y 有较强的制约关系。此时，可通过对 x 控制而有效控制 y 的变化。

（2）弱正相关［图 7-16（b）］。散布点形成向上较分散的直线带。随 x 值的增加，y 值也有增加趋势，但 x、y 的关系不像正相关那么明确。说明 y 除受 x 影响外，还受其他更重要的因素影响。需要进一步利用因果分析图法分析其他的影响因素。

（3）不相关［图 7-16（c）］。散布点形成一团或平行于 x 轴的直线带。说明 x 变化不会引起 y 的变化或其变化无规律，分析质量原因时可排除 x 因素。

（4）负相关［图 7-16（d）］。散布点形成由左向有向下的一条直线带，说明 x 对 y 的影响与正相关恰恰相反。

（5）弱负相关［图 7-16（e）］。散布点形成由左至右向下分布的较分散的直线带。说明 x 与 y 的相关关系较弱，且变化趋势相反，应考虑寻找影响 y 的其他更重要的因素。

（6）非线性相关［图 7-16（f）］。散布点呈一曲线带，即在一定范围内 x 增加，y 也增加；超过这个范围 x 增加，y 则有下降趋势。或改变变动的斜率呈曲线形态。

从图 7-16 可以看出本例水灰比对强度影响是属于负相关。初步结果是，在其他条件不变情况下，混凝土强度随着水灰比增大有逐渐降低的趋势。

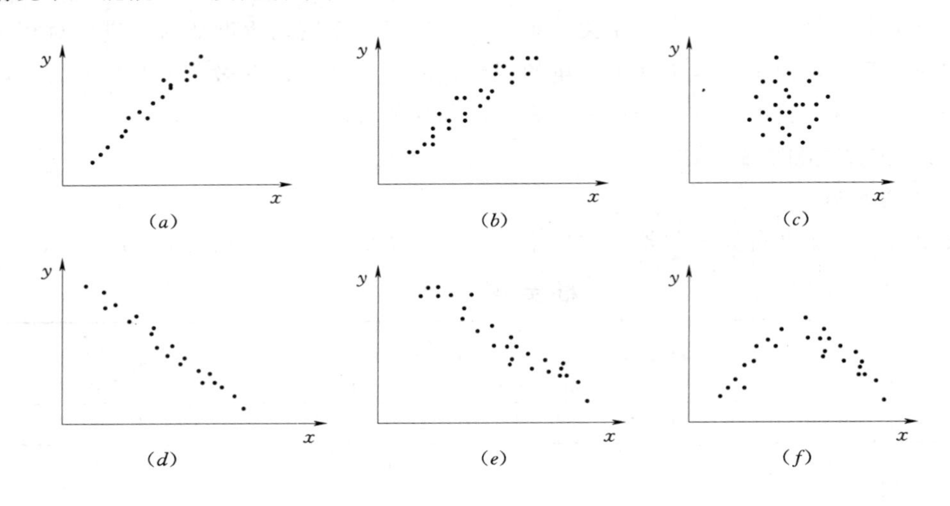

图 7-16　相关图

(*a*) 正相关；(*b*) 弱正相关；(*c*) 不相关；(*d*) 负相关；(*e*) 弱负相关；(*f*) 非线性相关

七、调查表法

调查表法也叫调查分析表法或检查表法，是利用图表或表格进行数据收集和统计的一种方法。也可以对数据稍加整理，达到粗略统计，进而发现质量问题的效果。所以，调查表除了收集数据外，很少单独使用。调查表没有固定的格式，可根据实际情况和需要自己拟订合适的格式。根据调查的目的不同，调查表有以下几种形式。

(1) 分项工程质量调查表。

(2) 不合格内容调查表。

(3) 不良原因调查表。

(4) 工序分布调查表。

(5) 不良项目调查表。

表 7-9 是混凝土外观检查用“不良项目调查表”，可供其他统计方法使用，同时，从表 7-9 中也可粗略统计出，不良项目出现比较集中的是“胀模”、“漏浆”、“埋件偏差”，它们都与模板本身的刚度、严密性、支撑系统的牢固性有关，质量问题集中在支模的班组。这样就可针对模板班组采取措施。

表 7-9　　　混凝土外观不良项目调查表

施工工段	蜂窝麻面	胀　模	露　筋	漏　浆	上表面不平	埋件偏差	其　他
1	1	7	1	3	1	2	
2		6	1	3		2	
3		5		3		1	
合计	1	18	2	9	1	5	

思　考　题

7-1　简述工程质量控制统计分析方法的工作程序。

7-2　常用的质量分析工具有哪些？

7-3　直方图、控制图的绘制方法分别是什么？

7-4　直方图、控制图均可用来进行工序质量分析，各有什么特点？

7-5　如何利用排列图确定影响质量的主次因素？

第八章　工程施工安全控制

在工程建设活动中，没有危险，不出事故，不造成人身伤亡，财产损失，这就是安全，因此，施工安全不但包括施工人员和施工管（监）理人员的人身安全，也包括财产（机械设备、物资等）的安全。

保证安全是项目施工中的一项重要工作。施工现场场地狭小，施工人员众多，各工种交叉作业，机械施工与手工操作并进，高空作业多，而且大部分是露天、野外作业。特别是水利水电工程又多在河道上兴建，环境复杂，不安全因素多，所以安全事故也较多。因此，监理人必须充分重视安全控制，督促和指导施工承包人从技术上、组织上采取一系列必要的措施，防患于未然，保证项目施工的顺利进行。水利工程建设安全生产管理，坚持安全第一，预防为主的方针。

监理人在施工安全控制中的主要任务包括：充分认识施工中的不安全因素；建立安全监控的组织体系，审查施工承包人的安全措施。

第一节　施工不安全因素分析

施工中的不安全因素很多，而且随工种不同，工程不同而变化，但概括起来，这些不安全因素主要来自人、物和环境三个方面。因此，一般来说，施工安全控制就是对人、物和环境等因素进行控制。

一、人的不安全行为

人既是管理的对象，又是管理的动力，人的行为是安全生产的关键。在施工作业中存在的违章指挥、违章作业以及其他行为都可能导致生产安全事故的产生。统计资料表明，88%的安全事故是由于人的不安全行为造成的。通常的不安全行为主要有以下几个方面。

（1）违反上岗身体条件规定。如患有不适合从事高空和其他施工作业相应的疾病；未经严格身体检查，不具备从事高空、井下、水下等相应施工作业规定的身体条件；疲劳作业和带病作业。

（2）违反上岗规定。无证人员从事需证岗位作业；非定机、定岗人员擅自操作等。

（3）不按规定使用安全防护品。进入施工现场不戴安全帽；高空作业不佩挂安全带或挂置不可靠；在潮湿环境中有电作业不使用绝缘防护品等。

（4）违章指挥。在作业条件未达到规范、设计条件下，组织进行施工；在已经不再适应施工的条件下，继续进行施工；在已发事故安全隐患未排除时，冒险进行施工；在安全设施不合格的情况下，强行进行施工；违反施工方案和技术措施；在施工中出现异常的情况下，做了不当的处置等。

（5）违章作业。违反规定的程序、规定进行作业。

（6）缺乏安全意识。

二、物的不安全因素

物的不安全因素，主要表现在以下三方面。

（1）设备、装置的缺陷。主要是指设备、装置的技术性能降低、强度不够、结构不良、磨损、老化、失灵、腐蚀、物理和化学性能达不到要求等。

（2）作业场所的缺陷。主要是指施工作业场地狭小，交通道路不宽畅，机械设备拥挤，多工种交叉作业组织不善，多单位同时施工等。

（3）物资和环境的危险源。主要包括化学方面：氧化、易燃、毒性、腐蚀等；机械方面：振动、冲击、位移、倾覆、陷落、抛飞、断裂、剪切等；电气方面：漏电、短路，电弧、高压带电作业等；自然环境方面：辐射、强光、雷电、风暴、浓雾、高低温、洪水、高压气体、火源等。

上述不安全因素中，人的不安全因素是关键因素，物的不安全因素是通过人的生理和心理状态而起作用的。因此，监理人在安全控制中，必须将两类不安全因素结合起来综合考虑，才能达到确保安全的目的。

三、施工中常见的引起安全事故的因素

（一）高处坠落引起的安全事故

高空作业四面临空，条件差，危险因素多，因此无论是水利水电工程还是其他建筑工程，高空坠落事故特别多，其主要不安全因素有以下几点。

（1）安全网或护栏等设置不符合要求。高处作业点的下方必须设置安全网、护栏、立网、盖好洞口等，从根本上避免人员坠落或万一有人坠落时，也能免除或减轻伤害。

（2）脚手架和梯子结构不牢固。

（3）施工人员安全意识差。例如：高空作业人员不系安全带、高空作业的操作要领没有掌握等。

（4）施工人员身体素质差。如患有心脏病、高血压等。

（二）使用起重设备引起的安全事故

起重设备（如塔式、门式起重机等）工作特点是：塔身较高，行走、起吊、回转等作业可同时进行。这类起重机较突出的大事故发生在“倒塔”、“折臂”和拆装时。容易发生这类事故的主要原因有以下几点。

（1）司机操作不熟练，引起误操作。

（2）超负荷运行，造成吊塔倾倒。

（3）斜吊时，吊物一离开地面就绕其垂直方向摆动，极易伤人。同时也会引起倒塔。

（4）轨道铺设不合规定，尤其是地锚埋设不合要求。

（5）安全装置失灵。如起重量限制器、吊钩高度限制器、幅度指示器、夹轨等的

失灵。

（三）施工用电引起的安全事故

电气事故的预兆性不直观、不明显，而事故的危害很大。使用电气设备引起触电事故的主要原因有以下几点。

（1）违章在高压线下施工，而未采取其他安全措施，以至钢管脚手架、钢筋等碰上高压线而触电。

（2）供电线路铺设不符合安装规程。如架设得太低，导线绝缘损坏、采用不合格的导线或绝缘子等。

（3）维护检修违章。移动或修理电气设备时不预先切断电源，用湿手接触开关、插头、使用不合格的电气安全用具等。

（4）用电设备损坏或不合格，使带电部分外露。

（四）爆破引起的安全事故

无论是露天爆破、地下爆破，还是水下爆破，都发生过许多安全事故，其主要原因可归结为以下几方面。

（1）炮位选择不当，最小抵抗线掌握不准，装药量过多，放炮时飞石超过警戒线，造成人身伤亡或损坏建筑物和设备。

（2）违章处理瞎炮，拉动起爆体触响雷管，引起爆炸伤人。

（3）起爆材料质量不符合标准，发生早爆或迟爆。

（4）人员、设备在起爆前未按规定撤离或爆破后人员过早进入危险区造成事故。

（5）爆破时，点炮个数过多，或导火索太短，点炮人员来不及撤到安全地点而发生爆炸。

（6）电力起爆时，附近有杂散电流或雷电干扰发生早爆。

（7）用非爆破专业测试仪表测量电爆网络或起爆体，因其输出电流强度大于规定的安全值而发生爆炸事故。

（8）大量爆破对地震波、空气冲击和飞石的安全距离估计不足，附近建筑物和设备未采取相应的保护措施而造成损失。

（9）爆炸材料不按规定存放或警戒，管理不严，造成爆炸事故。

（10）炸药仓库位置选择不当，由意外因素引起爆炸事故。

（11）变质的爆破材料未及时处理，或违章处理造成爆炸事故。

（五）坍塌引起的安全事故

施工中引起塌方的原因主要有以下几点。

（1）边坡修得太小或在堆放泥土施工中，大型机械离沟坑边太近。这些均会增大土体的滑动力。

（2）排水系统设计不合理或失效。这使得土体抗滑力减小，滑动力增大，易引起塌方。

（3）由流沙、涌水、沉陷和滑坡引起的塌方。

（4）发生不均匀沉降和显著变形的地基。

(5) 因违规拆除结构件、拉结件或其他原因造成破坏的局部杆件或结构。

(6) 受载后发生变形、失稳或破坏的局部杆件。

四、安全技术操作规程中关于安全方面的规定

(一) 高处施工安全规定

(1) 凡在坠落高度基准面 2m 和 2m 以上有可能坠落的高处进行作业，均称为高处作业。高处作业的级别：高度在 2～5m 时，称为一级高处作业；在 5～15m 时，称为二级高处作业；在 15～30m 时，称为三级高处作业；在 30m 以上时，称为特级高处作业。

(2) 特级高处作业，应与地面设联系信号或通信装置，并应有专人负责。

(3) 遇有 6 级以上的大风，没有特别可靠的安全措施，禁止从事高处作业。

进行三级、特级和悬空高处作业时，必须事先制定安全技术措施，施工前，应向所有施工人员进行技术交底，否则，不得施工。

(4) 高处作业使用的脚手架上，应铺设固定脚手板和 1m 高的护身栏杆。安全网必须随着建筑物升高而提高，安全网距离工作面的最大高度不超过 3m。

(二) 使用起重设备安全规定

(1) 司机应听从作业指挥人员的指挥，得到信号后方可操作。操作前必须鸣号，发现停车信号（包括非指挥人员发出的停车信号）应立即停车。司机要密切注视作业人员的动作。

(2) 起吊物件的重量不得超过本机的额定起重量，禁止斜吊、拉吊和起吊埋在地下或与地面冻结以及被其他重物卡压的物件。

(3) 当气温低于－20℃或遇雷雨大雾和 6 级以上大风时，禁止作业（高架门机另有规定）。夜间工作，机上及作业区域应有足够的照明，臂杆及竖塔顶部应有警戒信号灯。

(三) 施工用电安全规定

(1) 现场（临时或永久）110V 以上的照明线路必须绝缘良好，布线整齐且应相对固定，并经常检查维修，照明灯悬挂高度应在 2.5m 以上，经常有车辆通过之处，悬挂高度不得小于 5m。

(2) 行灯电压不得超过 36V，在潮湿地点、坑井、洞内和金属容器内部工作时，行灯电压不得超过 12V，行灯必须带有防护网罩。

(3) 110V 以上的灯具只可作固定照明用，其悬挂高度一般不得低于 2.5m，低于 2.5m 时，应设保护罩，以防人员意外接触。

(四) 爆破施工安全规定

(1) 爆破材料在使用前必须检验，凡不符合技术标准的爆破材料一律禁止使用。

(2) 装药前，非爆破作业人员和机械设备均应撤离至指定安全地点或采取防护措施。撤离之前不得将爆破器材运到工作面。装药时，严禁将爆破器材放在危险地点或机械设备和电源火源附近

(3) 爆破工作开始前，必须明确规定安全警戒线，制定统一的爆破时间和信号，并在指定地点设安全哨，执勤人员应有红色袖章、红旗和口笛。

(4) 爆破后炮工应检查所有装药孔是否全部起爆，如发现瞎炮，应及时按照瞎炮处理的规定妥善处理，未处理前，必须在其附近设警戒人员看守，并设明显标志。

(5) 地下相向开挖的两端在相距30m以内时，放炮前必须通知另一端暂停工作，退到安全地点，当相向开挖的两端相距15m时，一端应停止掘进，单头贯通。

(6) 地下井挖洞室内空气含沼气或二氧化碳浓度超过1%时，禁止进行爆破作业。

(五) 土方施工安全规定

(1) 严禁使用掏根搜底法挖土或将坡面挖成反坡，以免塌方造成事故。如土坡上发现有浮石或其他松动突出的危石时，应通知下面工作人员离开，立即进行处理。弃料应存放到远离边线5.0m以外的指定地点。如发现边坡有不稳定现象时，应立即进行安全检查和处理。

(2) 在靠近建筑物、设备基础、路基、高压铁塔、电杆等附近施工时，必须根据土质情况、填挖深度等，制定出具体防护措施。

(3) 凡边坡高度大于15m，或有软弱夹层存在、地下水比较发育以及岩层面或主要结构面的倾向与开挖面的倾向一致时，且两者走向的变角小于45°时，岩石的允许边坡值要另外论证。

(4) 在边坡高于3m、陡于1∶1的坡上工作时，须挂安全绳，在湿润的斜坡上工作，应有防滑措施。

(5) 施工场地的排水系统应有足够的排水能力和备用能力。一般应比计算排水量加大50%～100%进行准备。

(6) 排水系统的设备应有独立的动力电源(尤其是洞内开挖)，并保证绝缘良好，动力线应架起。

第二节 发包人和承包人安全责任

为了加强水利工程建设安全生产监督管理，明确安全生产责任，防止和减少安全生产事故，保障人民群众生命和财产安全，根据《中华人民共和国安全生产法》、《建设工程安全生产管理条例》等法律、法规，结合水利工程的特点，水利部于2005年7月22日颁发了《水利工程建设安全生产管理规定》。

《水利工程建设安全生产管理规定》规定：项目法人、勘察(测)单位、设计单位、施工单位、建设监理单位及其他与水利工程建设安全生产有关的单位，必须遵守安全生产法律、法规和本规定，保证水利工程建设安全生产，依法承担水利工程建设安全生产责任。

依据相关法律、法规的规定，结合水利水电工程的特点和行业管理需要，《水利水电工程标准文件》(2009年版)在"通用合同条款"中对发包人和承包人的安全责任进行了详细约定。

一、发包人的施工安全责任

(1) 发包人应按合同约定履行安全职责，发包人委托监理人根据国家有关安全的法律、法规、强制性标准以及部门规章，对承包人的安全责任履行情况进行监督和检查。监理人的监督检查不减轻承包人应负的安全责任。

（2）发包人应对其现场机构雇佣的全部人员的工伤事故承担责任，但由于承包人原因造成发包人人员工伤的，应由承包人承担责任。

（3）发包人应负责赔偿以下各种情况造成的第三者人身伤亡和财产损失。

1）工程或工程的任何部分对土地的占用所造成的第三者财产损失。

2）由于发包人原因在施工场地及其毗邻地带造成的第三者人身伤亡和财产损失。

（4）除专用合同条款另有约定外，发包人负责向承包人提供施工现场及施工可能影响的毗邻区域内供水、排水、供电、供气、供热、通信、广播电视等地下管线资料，气象和水文观测资料，以及拟建工程可能影响的相邻建筑物地下工程的有关资料，并保证有关资料的真实、准确、完整，满足有关技术规程的要求。

（5）发包人按照已标价工程量清单所列金额和合同约定的计量支付规定，支付安全作业环境及安全施工措施所需费用。

（6）发包人组织工程参建单位编制保证安全生产的措施方案。工程开工前，就落实保证安全生产的措施进行全面系统的布置，进一步明确承包人的安全生产责任。

（7）发包人负责在拆除工程和爆破工程施工 14 天前向有关部门或机构报送相关的备案资料。

二、承包人的施工安全责任

（1）承包人应按合同约定履行安全职责，执行监理人有关安全工作的指示。承包人应按技术标准和要求（合同技术条款）约定的内容和期限，以及监理人的指示，编制施工安全技术措施提交监理人审批。监理人应在技术标准和要求（合同技术条款）约定的期限内批复承包人。

（2）承包人应加强施工作业安全管理，特别应加强易燃、易爆材料、火工器材、有毒与腐蚀性材料和其他危险品的管理，以及对爆破作业和地下工程施工等危险作业的管理。

（3）承包人应严格按照国家安全标准制定施工安全操作规程，配备必要的安全生产和劳动保护设施，加强对承包人人员的安全教育，并发放安全工作手册和劳动保护用具。

（4）承包人应按监理人的指示制定应对灾害的紧急预案，报送监理人审批。承包人还应按预案做好安全检查，配置必要的救助物资和器材，切实保护好有关人员的人身和财产安全。

（5）合同约定的安全作业环境及安全施工措施所需费用应遵守有关规定，并包括在相关工作的合同价格中。因采取合同未约定的安全作业环境及安全施工措施增加的费用，由监理人按有关约定商定或确定。

（6）承包人应对其履行合同所雇佣的全部人员，包括分包人人员的工伤事故承担责任，但由于发包人原因造成承包人人员工伤事故的，应由发包人承担责任。

（7）由于承包人原因在施工场地内及其毗邻地带造成的第三者人员伤亡和财产损失，由承包人负责赔偿。

（8）承包人已标价工程量清单应包含工程安全作业环境及安全施工措施所需费用。

（9）承包人应建立健全安全生产责任制度和安全生产教育培训制度，制定安全生产规章制度和操作制度，保证本单位建立和完善安全生产条件所需资金的投入，对本工程进行定期和专项安全检查，并做好安全检查记录。

（10）承包人应设立安全生产管理机构，施工现场应有专职安全生产管理人员。

（11）承包人应负责对特种作业人员进行专门的安全作业培训，并保证特种作业人员持证上岗。

（12）承包人应在施工组织设计中编制安全技术措施和施工现场临时用电方案。对专用合同条款约定的工程，应编制专项施工方案报监理人批准。对专用合同条款约定的专项施工方案，还应组织专家进行论证、审查，其中专家一半人员应经发包人同意。

（13）承包人在使用施工机械和整体提升脚手架、模板等自升式架设设施前，应组织有关单位进行验收。

第三节　施工单位安全保证体系

对于某一施工项目，施工的安全控制，从其本质上讲是施工承包人的分内工作。施工现场不发生安全事故，可以避免不必要损失的发生，保证工程的质量和进度，有助于工程项目的顺利进行。因此，作为监理人，有责任和义务督促或协助施工承包人加强安全控制。所以，施工安全控制体系，包括施工承包人的安全保证体系和监理人的安全控制（监督）体系。监理人一般应建立安全科（小组）或设立安全工程师，并督促施工承包人建立和完善施工安全控制组织机构，由此形成安全控制网络。

一、管理职责

（1）安全管理目标。制定工程项目的安全管理目标。

1）项目经理为施工项目安全生产第一责任人，对安全施工负全面责任。

2）安全目标应符合国家法律、法规的要求并形成方面员工理解的文件，并保持实施。

（2）安全管理组织。施工项目应对从事与安全有关的管理、操作和检查人员，规定其职责、权限，并形成文件。

二、安全管理计划

1. 安全管理原则

（1）安全生产管理体系应符合工程项目的施工特点，使之符合安全生产法规的要求。

（2）形成文件。

2. 安全施工计划

（1）针对工程项目的规模、结构、环境、技术含量、资源配置等因素进行安全生产策划，主要包括以下内容。

1）配置必要的设施、装备和专业人员，确定控制和检查的手段和措施。

2）确定整个施工过程中应执行的安全规程。

3）冬季、雨季、雪天和夜间施工时安全技术措施及夏季的防暑降温工作。

4）确定危险部位和过程，对风险大和专业性强的施工安全问题进行论证。

5）因工程的特殊要求需要补充的安全操作规程。

（2）根据策划的结果，编制安全保证计划。

三、采购机制

（1）施工单位对自行采购的安全设施所需的材料、设备及防护用品进行控制，确保符合安全规定的要求。

（2）对分包单位自行采购的安全设施所需的材料、设备及防护用品进行控制。

四、施工过程安全控制

（1）应对施工过程中可能影响安全生产的因素进行控制，确保施工项目按照安全生产的规章制度、操作规程和程序进行施工。

1）进行安全策划，编制安全计划。

2）根据项目法人提供的资料对施工现场及受影响的区域内地下障碍物进行清除，或采取相应措施对周围道路管线采取保护措施。

3）落实施工机械设备、安全设施及防护品进场计划。

4）指定现场安全专业管理、特种作业和施工人员。

5）检查各类持证上岗人员资格。

6）检查、验收临时用电设施。

7）施工作业人员操作前，对施工人员进行安全技术交底。

8）对施工过程中的洞口、高处作业所采取的安全防护措施，应规定专人进行检查。

9）对施工中使用明火采取审批措施，现场的消防器材及危险物的运输、储存、使用应得到有效地管理。

10）搭设或拆除的安全防护设施、脚手架、起重设备，如当天未完成，应设置临时安全措施。

（2）应根据安全计划中确定的特殊的关键过程，落实监控人员，确定监控方式、措施，并实施重点监控，必要时应实施旁站监控。

1）对监控人员进行技能培训，保证监控人员行使职责与权利不受干扰。

2）把危险性较大的悬空作业、起重机械安装和拆除等危险作业，编制作业指导书，实施重点监控。

3）对事故隐患的信息反馈，有关部门应及时处理。

五、安全检查、检验和标识

1．安全检查

（1）施工现场的安全检查，应执行国家、行业、地方的相关标准。

（2）应组织有关专业人员，定期对现场的安全生产情况进行检查，并保存记录。

2. 安全设施所需的材料、设备及防护用品的进货检验

（1）应按安全计划和合同的规定，检验进场的安全设施所需的材料、设备及防护用品，是否符合安全使用的要求，确保合格品投入使用。

（2）对检验出的不合格品进行标识，并按有关规定进行处理。

3. 过程检验和标识

（1）按安全计划的要求，对施工现场的安全设施、设备进行检验，只有通过检验的设备才能安装和使用。

（2）对施工过程中的安全设施进行检查验收。

（3）保存检查记录。

六、事故隐患控制

对存在隐患的安全设施、过程和行为进行控制，确保不合格设施不使用，不合格过程不通过，不安全行为不放过。

七、纠正和预防措施

（1）对已经发生或潜在的事故隐患进行分析并针对存在问题的原因，采取纠正和预防措施，纠正或预防措施应与存在问题的危害程度和风险相适应。

（2）纠正措施。

1）针对产生事故的原因，记录调查结果，并研究防止同类事故所需的纠正措施。

2）对存在事故隐患的设施、设备、安全防护用品，先实施处置并做好标识。

（3）预防措施。

1）针对影响施工安全的过程，审核结果、安全记录等，以发现、分析、消除事故隐患的潜在因素。

2）对要求采取的预防措施，制定所需的处理步骤。

3）对预防措施实施控制，并确保落到实处。

八、安全教育和培训

（1）安全教育和培训应贯穿施工过程全过程，覆盖施工项目的所有人员，确保未经过安全生产教育培训的员工不得上岗作业。

（2）安全教育和培训的重点是管理人员的安全意识和安全管理水平，操作者遵章守纪、自我保护和提高防范事故的能力。

第四节　施工安全技术措施审核和施工现场的安全控制

一、施工安全技术措施

（一）施工安全技术措施概念

施工安全技术措施是指为防止工伤事故和职业病的危害，从技术上采取的措施。在工

程项目施工中，针对工程特点、施工现场环境、施工方法、劳力组织、作业方法使用的机械、动力设备、变配电设施、架设工具以及各项安全防护设施等制定的确保安全施工的预防措施，称为施工安全技术措施。施工安全技术措施是施工组织设计的重要组成部分。

（二）施工安全技术措施审核

水利水电工程施工的安全问题是一个重要问题，这就要求在每一单位工程和分部工程开工前，监理人单位的安全工程师首先要提醒施工承包人注意考虑施工中的安全措施。施工承包人在施工组织设计或技术措施中，必须充分考虑工程施工的特点，编制具体的安全技术措施，尤其是对危险工种要特别强调安全措施，工程在审核施工承包人的安全措施时，其要点包括以下内容。

1. 安全措施要有超前性

安全措施应在开工前编制，在工程图纸会审时，就应考虑到施工安全。因为开工前已编审了安全技术措施，用于该工程的各种安全设施有较充分的时间作准备，以保证各种安全设施的落实。由于工程变更设计情况变化，安全技术措施也应及时相应补充完善。

2. 要有针对性

施工安全技术措施是针对每项工程特点而制定的，编制安全技术措施的技术人员必须掌握工程概况、施工方法、施工环境、条件等第一手资料，并熟悉安全法规、标准等，才能编写有针对性的安全技术措施，主要考虑以下几个方面。

（1）针对不同工程的特点可能造成施工的危害，从技术上采取措施，消除危险，保证施工安全。

（2）针对不同的施工方法，如井巷作业、水上作业、提升吊装，大模板施工等，可能给施工带来不安全因素。

（3）针对使用的各种机械设备、变配电设施给施工人员可能带来危险因素，从安全保险装置等方面采取的技术措施。

（4）针对施工中有毒有害、易燃易爆等作业，可能给施工人员造成的危害，采取措施，防止伤害事故。

（5）针对施工现场及周围环境，可能给施工人员或周围居民带来危害，以及材料、设备运输带来的不安全因素，从技术上采取措施，予以保护。

3. 安全控制措施的可靠性

可靠性主要从以下几个方面考虑。

（1）考虑全面。

1）充分考虑了工程的技术和管理的特点。

2）充分考虑了安全保证要求的重点和难点。

3）予以全过程、全方位的考虑。

4）对潜在影响因素较为深入地考虑。

（2）依据充分。

1）采用的标准和规定合适。

2）依据的试验成果和文献资料可靠。

（3）设计正确。

1）对设计方法及其安全保证度的选择正确。

2）设计条件和计算简图正确；计算公式正确。

3）按设计计算结果提出的结论和施工要求正确、适度。

（4）规定明确。

1）技术与安全控制指标的规定明确。

2）对检查和验收的结果规定明确。

3）对隐患和异常情况的处理措施明确。

4）管理要求和岗位责任制度明确。

5）作业程序和操作要求规定明确。

（5）便于落实。

1）无执行不了的和难以执行的规定和要求。

2）有全面落实和严格执行的保证措施。

3）有对执行中可能出现的情况和问题的处理措施。

（6）能够监督。

1）单位的监控要求不低于政府和上级的监控。

2）措施和规定全面纳入了监控要求。

4. 安全技术措施中的安全限控要求

施工安全的限控要求是针对施工技术措施在执行中的安全控制点以及施工中可能出现的其他事故因素，做出相应的限制、控制的规定和要求。

（1）施工机具设备使用安全的限控要求。包括自身状况、装置和使用条件、运行程序和操作要求、运行工况参数（负载、电压等）。

（2）施工设施（含作业的环境条件）安全限控的要求。施工设施是指在建设工地现场和施工作业场所所设置的、为施工提供所需生产、生活、工作与作业条件的设施。包括：现场围挡和安全防护设施，场地、道路、排水设施，现场消防设施，现场生产设施，以及环境保护设施等。它们的共同特点是临时性。

安全作业环境则为实现施工作业安全所需的环境条件。包括：安全作业所需要的作为环境条件，施工作业对周围环境安全的保证要求，确保安全作业所需要的施工设施和安全措施，安全生产环境（包括安全生产管理工作的状况及单位、职工对安全的重视程度）。

（3）施工工艺和技术安全的限控要求。包括材料、构件、工程结构、工艺技术、施工操作等。

5. 注意对施工承包人的施工总平面图的安全技术要求审查

施工平面图布置是一项技术性很强的工作，若布置不当，不仅会影响施工进度，造成浪费，还会留下安全隐患。施工布置安全审查着重审核易燃、易爆及有毒物质的仓库和加工车间的位置是否符合安全要求；电气线路和设备的布置与各种水平运输、垂直运输线路布置是否符合安全要求；高边坡开挖、洞井开挖布置是否有适合的安全措施。

6. 对方案中采用的新技术、新工艺、新结构、新材料、新设备等，特别要审核有无相应的安全技术操作规程和安全技术措施

对施工承包人的各工种的施工安全技术，审核其是否满足《水利水电建筑安装安全技术工作规程》（SD 267—88）规定的要求。在施工中，常见的施工安全控制措施有以下几方面。

（1）高空施工安全措施。

1）进入施工现场必须戴安全帽。

2）悬空作业必须系安全带。

3）高空作业点下方必须设置安全网。

4）楼梯口、预留洞口、坑井口等，必须设置围栏、盖板或架网。

5）临时周边应设置围栏或安全网。

6）脚手架和梯子结构牢固，搭设完毕要办理验收手续。

（2）施工用电安全措施。

1）对常带电设备，要根据其规格、型号、电压等级、周围环境和运行条件，加强保护，防止意外接触，如对裸导线或母线应采取封闭、高挂或设置罩盖等绝缘、屏护遮栏，保证安全距离等措施。

2）对偶然带电设备，如电机外壳、电动工具等，要采取保护接地或接零、安装漏电保护器等办法。

3）检查、修理作业时，应采用标志和信号来帮助作业者做出正确的判断，同时要求他们使用适当的保护用具，防止触电事故发生。

4）手持式照明器或危险场所照明设备，要求使用安全电压。

5）电气开关位置要适当，要有防雷措施，坚持一机一箱，并设门、锁保护。

（3）爆破施工安全控制措施。

1）充分掌握爆破施工现场周围环境，明确保护范围和重点保护对象。

2）正确设计爆破施工方案，明确安全技术措施。

3）严格炮工持证上岗制度，并努力提高他们的安全意识，要求按章作业。

4）装药前，严格检查炮眼深度、方位、距离是否符合设计方案。

5）装药后检查孔眼预留堵塞长度是否符合要求，检查覆盖网是否连接牢固。

6）坚持爆破效果分析制度，通过检查分析来总结经验和教训，制定改进措施和预防措施。

二、部分工程安全技术措施审查

1. 土石方工程

开挖顺序和开挖方法；机械的选择及其安全作业条件；边坡的设计；深基坑边坡支护；清、运作业安全；降水和防流沙措施；防滑坡和其他土石方坍塌措施；雨期施工安全措施。

2. 爆破工程

爆炸材料的运输和储存保管；爆破方案；引爆和控制爆破作业；防飞石、冲击波、灰尘的安全措施；瞎炮和爆破异常情况处置预案。

3. 脚手架工程

搭设高度；施工荷载；升降机构和升降操作；搭设和安装质量控制；防倾和防坠装置。

4. 模板工程

模板荷载的计算和控制；高支撑架的构造参数；对拉螺栓和连接构造；模板装置的高空拆除。

5. 安（吊）装工程

构件运输、拼装和吊装方案；最不利吊装工况的验算；起重机带载移动的验算；临时加固、临时固定措施；重要工程吊装系统的指挥和联络信号；吊装过程异常状态的处置预案。

三、施工现场安全控制

安全工程师在施工现场进行安全控制的任务有：施工前安全措施落实情况检查，施工过程中安全检查和控制。

（一）施工前安全措施的落实检查

在施工承包人的施工组织设计或技术措施中，应对安全措施做出计划。由于工期、经费等原因，这些措施常得不到贯彻落实。因此安全工程师必须在施工前到现场进行实地检查。检查的办法是将施工平面图如安全措施计划及施工现场情况进行比较，指出存在问题，并督促安全措施的落实。

（二）施工过程中的安全检查形式及内容

安全检查是发现施工过程中不安全行为和不安全状态的重要途径，是消除事故隐患，落实整改措施，防止事故伤害，改善劳动条件的重要方法。

施工过程中进行安全检查，其形式有以下几种。

（1）企业或项目定期组织的安全检查。

（2）各级管理人员的日常巡回检查、专业安全检查。

（3）季节性和节假日安全检查。

（4）班组自我检查、交接检查。

施工过程中进行安全检查，其主要内容包括以下几个方面。

（1）查思想。即检查施工承包人的各级管理人员、技术干部和工人是否树立了“安全第一、预防为主”的思想，是否对安全生产给予足够的重视。

（2）查制度。即检查安全生产的规章制度是否建立、健全和落实。如对一些要求持证上岗的特殊工种，上岗工人是否证照齐全。特别是承包人的各职能部门是否切实落实了安全生产的责任制。

（3）查措施。即检查所制定的安全措施是否有针对性，是否进行了安全技术措施交底，安全设施和劳动条件是否得到改善。

（4）查隐患。事故隐患是事故发生的根源，大量事故隐患的存在，必然导致事故的发生。因此，安全工程师还必须在查隐患上下工夫，对查出的事故隐患，要提出整改措施，落实整改的时间和人员。

（三）安全检查方法

施工过程中进行安全检查，其常用的方法有一般检查方法和安全检查表法。

1. 一般方法

常采用看、听、嗅、问、测、验、析等方法。

看：看现场环境和作业条件，看实物和实际操作，看记录和资料等。

听：听汇报、听介绍、听反映、听意见、听机械设备运转响声等。

嗅：对挥发物、腐蚀物等气体进行辨别。

问：对影响安全问题，详细询问。

查：查明数据，查明问题，查清原因，追查责任。

测：测量、测试、监测。

验：进行必要的试验或化验。

析：分析安全事故的隐患、原因。

2. 安全检查表法

这是一种原始的、初步的定性分析方法，它通过事先拟定的安全检查明细表或清单，对安全生产进行初步的诊断和控制，

思　考　题

8-1　施工常见的不安全因素有哪些？

8-2　监理人审核承包人的施工安全措施应重点审核哪些方面？

第九章 质量管理体系简介

第一节 ISO 9000 质量管理体系

一、ISO 9000 系列标准的产生和发展

科学技术和生产力的发展，是形成和产生 ISO 9000 系列标准的社会基础。随着生产力的发展，产品结构日趋复杂，商品一般都通过流通领域销售给用户，这时，用户很难凭借自己的能力和经验来判断产品的优劣程度。生产者为了使用户放心，采用了对商品提供担保的对策，这就是质量保证的萌芽。

ISO 9000 系列标准是世界质量管理发展最新阶段的必然产物。在世界范围内，质量管理的发展先后经历了质量检验、统计质量控制和全面质量管理三个阶段。尤其是 20 世纪 60 年代初美国的质量管理专家菲根堡姆（Feigenbom）博士提出的全面质量管理的概念逐步被世界各国接受，并不断完善、提高，为各国质量管理和质量保证标准的相继产生提供了坚实的理论依据和实践基础。

世界各国质量保证的成功经验，推动了 ISO 9000 系列标准的制定和发展。1959 年美国国防部发布 MIL—Q—9858A《质量大纲要求》，这是世界最早的质量保证标准。美国军工产品质量优良，发展很快，与制定和实施这些标准是分不开的。在军工生产中的成功经验被迅速应用到民用工业上，首先是锅炉、压力容器、核电站等涉及安全要求较高的行业，之后迅速推行到各行各业中。

国际经济贸易事业的发展，加速了 ISO 9000 系列标准的产生和推广。20 世纪 60 年代后，国际经济交流蓬勃发展，贸易交往日趋增加，有关国际间产品质量保证和产品责任的问题引起了世界各国的普遍关注，而世界各国间贸易竞争的日益加剧也使不少国家把提高进口商品质量作为执行限入奖出保护主义的重要手段，迫使出口国不得不用提高质量的办法来对付贸易保护主义。这就加速了 ISO 9000 系列标准的产生和推广。

企业生存和提高效益的需要是产生 ISO 9000 系列标准的重要原因。企业为了生存和发展，获得更大的经济效益，除重视质量管理和内部质量保证外，还应重视外部质量保证。为避免因产品缺陷而引起质量事故，赔偿巨额钱款，宁可先投入一定资金，走预防为主的路线。这就促进了 ISO 9000 系列标准的产生、形成和贯彻，也是 ISO 9000 系列标准的真谛所在。

国际标准化组织（ISO）于 1976 年成立了 TC176（质量管理和质量保证技术委员会），着手研究制订国际间遵循的质量管理和质量保证标准。1987 年，ISO/TC 176 发布了举世瞩目的 ISO 9000 系列标准，我国于 1988 年发布了与之相应的 GB/T 10300 系列标准，并

“等效采用”。为了更好地与国际接轨，又于1992年10月发布了GB/T 19000系列标准，并“等同采用”ISO 9000系列标准。1994年国际标准化组织发布了修订后的ISO 9000系列标准后，我国及时将其等同转化为国家标准。

为了更好地发挥ISO 9000系列标准的作用，使其具有更好的适用性和可操作性，2000年12月15日ISO正式发布新的ISO 9000、ISO 9001和ISO 9004国际标准。2000年12月28日国家质量技术监督局正式发布GB/T 19000—2000（idt ISO 9000：2000），GB/T 19001—2000（idt ISO 9001：2000），GB/T 19004—2000（idtISO 9004：2000）三个国家标准。94版和87版的写法基本上适应加工工业，按加工工业产品的过程编写出来的。2000版是因为各行各业都要用，所以进行改版，特别是服务业，老的标准不适合服务业（如什么是不合格、检验、生产等），2000版改版后对服务企业比老版本要好得多。

2008年，为了适应社会的发展和管理的需要，对ISO 9000系列标准的核心组成《质量管理体系　要求》（ISO 9001：2008）进行了修订。

二、ISO 9000系列标准的组成

修订后的ISO 9000系列标准核心组成仍包括四个组成部分，即由ISO 9000、ISO 9001、ISO 9004、ISO 19011组成。

（1）《质量管理体系　基础和术语》（ISO 9000：2005）。

（2）《质量管理体系　要求》（ISO 9001：2008）。

（3）《质量管理体系　业绩改进的指南》（ISO 9004：2000）。

（4）《质量管理体系　质量和（或）环境管理体系审核指南》（ISO 9011：2002）。

ISO 9004用于达到ISO 9001水平后，进一步想全面提高自己的管理业绩（着重于质量管理方面），这时可以运用此项指南。此项指南不能把它当作实施ISO 9001的指南，它比ISO 9001要求的水平要高，考虑问题的角度更全面，它是业绩改进的指南，但在贯彻ISO 9001时，也可参考ISO 9004。

ISO 9011是质量和环境审核的指南，以前质量审核和环境审核分别有两个标准，现在考虑到质量管理体系和环境管理体系都在一个企业的管理体系之内，在方针、指导思想、管理模式都基本一致的情况下，把这些管理体系能够互相整合，互相在同一个指导思想、同一个总的方针下，用体系的办法开展这个活动，管理的指导思想，管理的模式都逐渐接近，毕竟是一个企业的不同侧重点而已，因此它的审核也应整合起来，希望通过一次认证解决问题（但现在正在研究）。

三、质量管理体系标准的适用情况

企业参照ISO 9000系列标准建立质量体系并使其有效运行，可以提高企业内部质量管理水平或向外部提供质量担保方面发挥作用。

（一）质量管理情况

企业为了提高质量管理水平的目的建立质量体系时，应主要参照ISO9004标准。建立质量管理体系的主要目的是为了管理好企业内部的质量工作，使企业的领导对本企业的

质量管理水平和质量保证能力建立信心，使影响产品质量的各种因素都处于受控状态，以最经济的方式实现产品的质量要求。ISO 9000 系列标准的这种职能称为质量管理情况。

（二）合同情况

在企业向顾客提供产品时，经双方商定在供货合同中对供方提出了质量保证要求，要求供方建立并完善其质量保证体系，以便能持续稳定地提供符合顾客要求的产品。合同情况下的质量体系是供方内部质量体系的一部分，在履行合同期间，顾客可派审核组到供方的现场按合同要求进行检查和评定，顾客也可以委托代理人或经双方同意的一个第三方机构进行这样的审核。

（三）第二方质量认定或注册

顾客为了选择一个合适的供方，在签订合同前，需要对候选方的质量保证能力进行评定，以确定供方具有满足顾客要求的质量保证能力，称为合同前顾客对质量体系的评定。经选择认定的合格供方，即作为注册供方，然后再与其签订供货合同。

（四）第三方认证和注册

第三方认证和注册是目前最常用的质量保证能力认定的方式，它是由与供方和顾客无关的第三方社会中介认证机构进行的工作，由其通过审核来评价申请认证企业的质量体系情况，符合规定要求的准予注册。顾客在选择供货方时，可以根据第三方认证和注册的证明确认供货方具备所要求的质量保证能力情况来确定。

四、贯彻 ISO 9000 系列标准的作用和意义

（一）有利于提高企业的质量管理水平

ISO 9000 系列标准，从系统的角度对产品质量形成全过程的各种因素提出全面控制的严格要求，企业根据标准建立并运行质量体系，可以对原来的质量系统进行全面的审核、检查和补充，并使之规范化，从而发现质量管理中的薄弱环节，进一步理顺各项活动之间的关系，使企业的质量管理体系更为科学和完善。由于按照标准建立的质量体系有一整套体系文件，可以使企业的各项质量活动有序地展开，减少了质量管理中的盲目性。

另外，标准要求定期对质量体系进行严格的审核，可以及时发现质量系统运行中存在的问题，始终保持质量体系的适用性和有效性。

（二）有利于质量管理与国际规范接轨

ISO 9000 系列标准已被世界上许多国家、地区和企业广泛采用，并已成为各国贸易交往中需方对供方质量保证能力评价的依据。随着全球性贸易的发展，按照 ISO 9000 系列标准的要求建立质量体系，积极开展第三方质量认证已成为世界性的大趋势。我国已经加入世界贸易组织（WTO），与世界各国的贸易量将大幅度增加，企业贯彻 ISO 9000 系列标准，对打破国际间的质量贸易壁垒具有极其重要的战略意义。

（三）有利于提高产品竞争力

产品竞争力与产品质量具有非常密切的关系。但产品质量的提高不仅取决于企业的技术能力，同时也取决于企业的管理水平。只要企业的质量体系通过权威认证机构的认证，认证证书将成为企业的信誉证明，可以极大地提高企业的知名度，使用户对企业的产品质

量产生信任，增加购买欲望，提高了产品在生产上的竞争力。

（四）有利于提高企业的经济效益

企业实施 ISO 9000 质量标准后，严格的管理规范和操作程序可以大大降低产品的不良品率，由此产生的效益将是非常巨大的。由于产品质量的提高，企业的售后服务费用和来自用户的索赔会大幅度降低。此外，产品质量提高和质量体系认证证书的广告效应是企业的一笔无形资产，可以带来大量的客户，也可以提高企业的经济效益。

（五）有利于保护消费者的权益

现代工业产品既可造福于人类，但也可能会因质量事故给人类带来生命和财产的损失。所以，消费者的合法权益以及社会与国家的安全都与企业的质量保证能力息息相关。有时，即使产品完全按照技术规范进行生产，但当技术规范本身不完善或企业的质量体系不健全时，产品也无法达到规定的或潜在的需要，还极有可能发生质量事故。因此，贯彻 ISO 9000 系列标准，按标准要求建立和运行质量体系，持续稳定地生产满足用户需要的产品，无疑是对消费者乃至整个人类利益的一种实实在在的保护。

第二节　质量管理体系的八项管理原则、建立与实施

一、质量管理体系的八项管理原则

（一）以顾客为关注焦点

组织依存于顾客。因此组织应当理解顾客当前和未来的需求，满足顾客要求并争取超越顾客期望。

顾客是接受产品的组织或个人，既指组织外部的消费者、购物者、最终使用者、零售商、受益者和采购方，也指组织内部的生产、服务和活动中接受前一个过程输出的部门、岗位或个人。顾客是组织存在的基础，顾客的要求应放在组织的第一位。最终的顾客是使用产品的群体，对产品质量感受最深，其期望和需求对于组织意义重大。对潜在的顾客亦不容忽视，如果条件成熟，他们会成为组织的一大批现实的顾客。市场是变化的，顾客是动态的，顾客的需求和期望也是不断发展的。因此，组织要及时调整自己的经营策略，采取必要的措施，以适应市场的变化，满足顾客不断发展的需求和期望，争取超越顾客的需求和期望，使自己的产品或服务处于领先的地位。

实施本原则可使组织了解顾客及其他相关方的需求；可直接与顾客的需求和期望相联系，确保有关的目标和指标；可以提高顾客对组织的忠诚度；能使组织及时抓住市场机遇，做出快速而灵活的反应，从而提高市场占有率，增加收入，提高经济效益。

实施本原则时一般要采取的主要措施包括：全面了解顾客的需求和期望，确保顾客的需求和期望在整个组织中得到沟通，确保组织的各项目标；有计划地、系统地测量顾客满意程度并针对测量结果采取改进措施；在重点关注顾客的前提下，确保兼顾其他相关方的利益，使组织得到全面、持续的发展。

（二）领导作用

领导者建立组织统一的宗旨和方向。他们应当创造并保持使员工能充分参与实现组织目标的内部环境。

一个组织的领导者，即最高管理者是：“在最高层指挥和控制组织的一个人或一组人”。领导者要想指挥好和控制好一个组织，必须做好确定方向、策划未来、激励员工、协调活动和营造一个良好的内部环境等工作。领导者的领导作用、承诺和积极参与，对建立并保持一个有效的和高效的质量管理体系，并使所有相关方获益是必不可少的。

此外，在领导方式上，领导者要做到透明、务实和以身作则。在领导者创造的比较宽松、和谐和有序的环境下，全体员工能够理解组织的目标并动员起来去实现这些目标。所有的活动能依据领导者规定的各级、各部门的工作准则以一种统一的方式加以评价、协调和实施。领导者可以对组织的未来勾画出一个清晰的远景，并细化为各项可测量的目标和指标，在组织内进行沟通，让全体员工都能了解组织的奋斗方向，从而建立起一支职责明确、积极性高、组织严密、稳定的员工队伍。

实施本原则时一般要采取的措施包括：确定组织的质量方针，做好发展规划，为组织勾画一个清晰的远景并在组织内得到沟通和理解，让全体员工都了解组织的奋斗方向；确定组织机构的部门、岗位设置以及各部门职能分工和各岗位人员职责；在整个组织及各级、各有关职能部门设定富有挑战性的目标；提倡公开和诚恳的交流和沟通，提高组织运作的效率和有效性；定期对组织的管理体系进行评审，发现管理体系的改进机会，决定改进管理的措施。

（三）全员参与

各级人员是组织之本，只有他们的充分参与，才能使他们的才干为组织带来收益。

组织的质量管理有赖于各级人员的全员参与，组织应对员工进行以顾客为关注焦点的质量意识和敬业爱岗的职业道德教育，激励他们的工作积极性和责任感。此外，员工还应具备足够的知识、技能和经验，以胜任工作，实现对质量管理的充分参与。

实施本原则可使全体员工动员起来，积极参与，努力工作，实现承诺，树立起工作责任心和事业心，为实现组织的方针和战略作出贡献。

实施本原则时一般要采取的主要措施包括：鼓励员工参与组织方针、目标的制定，从而使所制定的方针、目标更具合理性；应把组织的总目标分解到职能部门和层次，让员工看到更贴近自己的目标，激励员工为实现目标而努力，并以此评价员工的业绩；在本职工作中，应让员工有一定的自主权并承担解决问题的责任。

（四）过程方法

将活动和相关的资源作为过程进行管理，可以更高效地得到期望的结果。

过程方法的目的是获得持续改进的动态循环，并使组织的总体业绩得到显著的提高。过程方法通过识别组织内的关键过程，随后加以实施和管理并不断进行持续改进来达到顾客满意的目的。将活动和相关的资源作为过程进行管理，可以更高效地得到期望的结果。

采取过程方法，对跨职能部门的活动进行流程管理，加强了部门间的沟通，提高了管理的效率和有效性；通过有效使用资源，使组织具有降低成本并缩短周期的能力；由于对过程的各要素进行了管理和控制，可获得可预测的结果。

实施本原则时一般要采取的主要措施包括：识别质量管理体系所需的过程，特别是直接与产品实现有关的过程；针对每一个过程，确定这个过程的活动组成和相互关系；针对每一个活动，根据这个活动应满足的管理要求（如质量标准要求），确定活动的职责分工、准则方法、形成记录；对过程实施监视和测量，对过程的监视和测量的结果进行数据分析，发现改进的机会，并采取措施，包括提供必要的资源，实现持续的改进，以提高过程的效率和有效性。

（五）管理的系统方法

将相互关联的过程作为系统加以识别、理解和管理，有助于组织提高实现目标的效率和有效性。

质量管理的系统方法，就是要把质量管理体系作为一个大系统，对组成质量管理体系的各个过程加以识别、理解和管理，以实现质量方针和质量目标。

系统方法可包括系统分析、系统工程和系统管理三大环节。它通过系统地分析有关的数据、资料或客观事实来确定要达到的优化目标；然后通过系统工程，设计或策划为达到目标而应采取的各种资料和步骤，以及应配置的资源，形成一个完整的方案；最后在实施中通过系统管理而取得高有效性和高效率。

实施本原则可使各过程彼此协调一致，能最好地取得所期望的结果；可增强把注意力集中于关键过程的能力。由于体系、产品和过程处于受控状态，组织能向重要的相关方提供对组织的有效性和效率信任。

实施本原则时一般要采取的措施包括：建立一个以过程方法为主体的质量管理体系；明确质量管理过程的顺序和相互作用，使这些过程相互协调；控制并协调质量管理体系的各过程的运行，并规定其运行的方法和程序；通过对质量管理体系的测量和评审，采取措施以持续改进体系，提高组织的业绩。

（六）持续改进

持续改进整体业绩应该是企业一个永恒的目标。

进行质量管理的目的就是保持和提高产品质量，没有改进就不可能提高。持续改进是增强满足要求能力的循环活动，通过不断寻求改进机会，采取适当的改进方式，重点改进产品的特性和管理体系的有效性。改进的途径可以是日常渐进的改进活动，也可以是突破性的改进项目。

坚持持续改进，可提高组织对改进机会快速而灵活的反应能力，增强组织的竞争优势；可通过战略和业务规划，把各项持续改进集中起来，形成更有竞争力的业务计划。

实施本原则时一般要采取的措施包括：不断地制定新的发展目标，从而持续地提升组织管理体系的业绩；按照规定的准则和方法，对管理体系、过程、产品进行监视和测量，注意发现其中存在的不符合并及时加以纠正；对监视和测量结果进行分析，需要时采取纠正和预防措施，以避免不符合的情况发生或再次发生；按规定的时间间隔对管理体系进行评审，评审管理体系在充分性、适宜性和有效性方面存在的问题，并持续加以改进。

（七）基于事实的决策方法

有效决策是建立在数据和信息分析的基础上。

对数据和信息的逻辑分析或直觉判断是有效决策的基础。以事实为依据作决策，可以防止决策失误。通过合理运用统计技术，来测量、分析和说明产品和过程的变异性，通过对质量信息和资料的科学分析，确保信息和资料的足够准确和可靠，基于对事实的分析、过去的经验和直观判断做出决策并采取行动。

实施本原则可增强通过实际来验证过去决策的正确性的能力，可增强对各种意见和决策进行评审、质疑和更改的能力，发扬民主决策的作风，使决策更切合实际。

实施本原则时一般要采取的措施包括：收集与目标有关的数据和信息，并规定收集信息的种类、渠道和职责；通过鉴别，确保数据和信息的准确性和可靠性；采取各种有效方法，对数据和信息进行分析，确保数据和信息能为使用者得到和利用；根据对事实的分析、过去的经验和直觉判断做出决策并采取行动。

（八）互利的供方关系

组织与供方是相互依存的，互利的供方关系可增强双方创造价值的能力。

供方提供的产品将对组织向顾客提供满意的产品产生重要影响，能否处理好与供方的关系，影响到组织能否持续稳定地向顾客提供满意的产品。对供方不能只讲控制，不讲合作与利益，特别对关键供方，更要建立互利互惠的合作关系，这对组织和供方来说都是非常重要的。

实施本原则可增强供需双方创造价值的能力，通过与供方建立合作关系可以降低成本，使资源的配置达到最优化，并通过与供方的合作增强对市场变化联合做出灵活和快速的反应，创造竞争优势。

实施本原则时一般要采取的措施包括：识别并选择重要供方，考虑眼前和长远的利益；创造一个通畅和公开的沟通渠道，及时解决问题，联合改进活动；与重要供方共享专门技术、信息和资源，激发、鼓励和承认供方的改进及其成果。

二、质量管理体系的建立与实施

（一）识别质量管理体系所需的过程及其在组织中的应用

组织在着手策划贯标认证工作时，应对组织原有体系开展调研，确定与产品实现相关的主要管理流程以及为保证产品实现所需的资源管理（包括人力资人力资源管理、基础设施管理、工作环境管理等）、行政管理（包括文件控制、记录控制等）、管理职责等支持性的管理流程。

（二）确定这些过程的顺序和相互作用

在确定了与产品实现相关的主要管理流程和支持性管理流程后，需要确定这些流程之间的顺序和相互作用。一般来说可以通过编写质量手册的方式描述质量管理体系之间的相互作用。

（三）为确保每一个过程得到运作和控制，应当规定适宜的准则和方法

针对这个步骤所要开展的工作，主要是编写程序文件并按照标准要求整理原有的支持

性文件，包括管理制度、作业指导书、技术规程、标准规范等。

（四）为支持这些过程的运行，对这些过程的监视，应确保获得必要的资源和信息

在经过以上三个步骤之后，在组织内开展质量管理体系的试运行。为了确保体系的正常运行，各级管理者应确保获得必要的信息和资源。资源主要包括人力资源、基础设施、工作环境和检测装置。

（五）监视、测量和分析这些过程

在质量管理体系运行过程中，不可避免地会出现这样或那样的问题，为了能够及时发现问题，掌握过程运行动态，应当通过各种方法和手段监视、测量和分析这些过程。

监视和测量的方法主要有调查顾客满意信息、审核、验证、见证、检查、巡视、考评等。通过对监视和测量所获得的数据进行分析，可以确定过程运行中存在的主要问题以及过程运行趋势。

（六）实施必要的措施，以实现这些过程所策划的结果和对这些过程的持续改进

过程运行有正常运行、可能异常、出现异常和需要改进等四种状态，应当根据过程运行的不同状态，分别实施必要的措施，确保这些过程实现预期结果。

（七）应识别影响产品符合要求的外包过程并确保对其实施控制

第三节　质量管理体系认证程序

一、质量认证的基本概念

质量认证是由可以充分信任的第三方证实某一经鉴定的产品或服务符合特定标准或规范性文件的活动。质量认证包括产品质量认证和质量管理体系认证两方面。

（一）产品质量认证

产品质量认证包括合格认证和安全认证两种。依据标准中的性能要求进行认证叫做合格认证；依据标准中的安全要求进行认证叫做安全认证。前者是自愿的，后者是强制性的。与人身安全有关的产品，国家规定必须经过安全认证，如电线、电缆、电动工具等。

质量认证有两种表示方法，即认证证书和认证合格标志。

（1）认证证书（合格证书）。它是由认证机构颁发给企业的一种证明文件，它证明某项产品或服务符合特定标准或技术规范。

（2）认证标志（合格标志）。由认证机构颁发的一种专用标志，用以证明某项产品或服务符合特定的标准或规范。经认证机构批准，使用在每台（件）合格出厂的认证产品上。认证标志是质量标志，通过标志可以向购买者传递正确可靠的质量信息，指导购买者购买自己满意的产品。认证标志分为方圆标志［包括合格认证标志和安全认证标志，图 9－1（*a*）、（*b*）］、长城标志［电工产品专用标志图 9－1（*c*）］和 PRC 标志［电子元器件专用标志图 9－1（*d*）］。

（二）质量管理体系认证

质量体系认证是指根据有关的质量保证模式标准，由第三方机构对供方（承包方）的

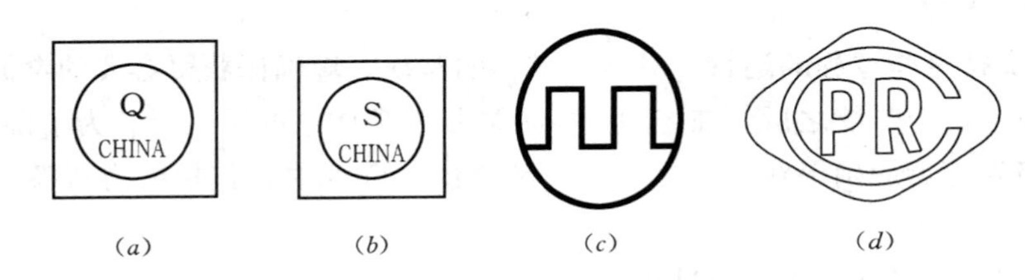

(a)　(b)　(c)　(d)

图 9-1　认证标志

(a) 合格认证标志图；(b) 安全认证标志图；(c) 长城标志图；(d) PRC 标志图

质量体系进行评定和注册的活动。质量管理体系认证始于机电产品，由于产品类型由硬件拓宽到软件、流程性材料和服务领域，使得各行各业都可以按标准实施质量管理体系认证。质量管理体系具有以下特征。

(1) 认证的对象是质量体系而不是产品。

(2) 认证的依据是质量保证模式标准，而不是产品质量标准。

(3) 认证的结论不是证明产品是否符合有关的技术标准，而是质量体系是否符合标准，是否具有保证工程质量的能力。

(4) 认证合格标志只能用于宣传，不得用于产品。

(5) 认证由第三方进行，与第一方（供方或承包单位）和第二方（需方或发包人）既无行政隶属关系，也无经济上的利益关系，以确保认证工作的公正性。

产品质量认证与质量体系认证的特点比较见表 9-1。

表 9-1　　产品质量认证与质量管理体系认证比较表

项　目	产品质量认证	质量管理体系认证
认证对象	特定产品	供方的质量体系
评定依据（获准认证的基本条件）	1. 产品质量符合指定的标准要求； 2. 评定依据应经认证机构认可	质量管理体系满足申请要求和必要的补充要求
认证证明方式	产品认证证书；认证标志	质量体系认证（注册）证书
证明使用	认证标志能用于产品及其包装上	认证证书和认证标记可用于宣传资料，但不能用于产品或包装上
认证性质	自愿性认证和强制性管理相结合	一般属于自愿性认证

二、质量管理体系认证的实施程序

（一）提出申请

1. 申请单位填写申请书及提交附件

附件的内容是向认证机构提供关于申请认证质量管理体系的质量保证能力情况，一般应包括质量手册的副本，申请认证质量管理体系所覆盖的产品名录、简介；申请方的基本情况等。

2. 认证申请的审查与批准

认证机构收到申请方的正式申请后，将对申请方的申请文件进行审查。审查的内容包括填报的各项内容是否完整正确，质量手册的内容是否涵盖了质量管理体系要求标准的内容等。经审查符合规定的申请要求，则决定接受申请，由认证机构向申请单位发出“接受申请通知书”，并通知申请方下一步与认证有关的工作安排，预交认证费用。若经审查符合规定的要求，认证机构将及时与申请单位联系，要求申请单位作必要的补充或修改，符合规定后再发出“接受申请通知书”。

（二）认证机构进行审核

认证机构对申请单位的质量管理体系审核是质量管理体系认证的关键环节，其基本工作程序包括以下内容。

1. 文件审核

文件审核的主要对象是申请书的附件，即申请单位的质量手册及其他说明申请单位质量管理体系的材料。

2. 现场审核

现场审查的主要目的是通过查证质量手册的实际执行情况，对申请单位质量管理体系运行的有效性做出评价，判定是否真正具备满足认证标准的能力。

3. 提出审核报告

现场审核工作完成后，审核组要编写审核报告，审核报告是现场检查和评价结果的证明文件，并需经审核组全体成员签字，签字后报送审核机构。

（三）审批与注册发证

认证机构对审核组提出的审核报告进行全面的审查。经审查若通过认证，则认证机构予以注册并颁发注册证书。若经审查，需要改进后方可批准通过认证，则由认证机构书面通知申请单位需要纠正的问题及完成修正的期限，到期再作必要的复查和评价，证明确实达到了规定的条件后，仍可批准认证并注册发证。经审查，若决定不予批准认证，则由认证机构书面通知申请单位，并说明不予通过的理由。

（四）获准认证后的监督管理

认证机构对获准认证（有效期为 3 年）的供方质量管理体系实施监督管理。这些管理工作包括供方通报、监督检查、认证注销、认证暂停、认证撤销、认证有效期的延长等。

（五）申诉

申请方、受审核方、获证方或其他方，对认证机构的各项活动持有异议时，可向其认证或上级主管部门提出申诉或向人民法院起诉。认证机构或其认可机构应对申诉及时做出处理。

第四节　我国其他管理体系

一、环境管理体系标准

20 世纪 80 年代起，美国和欧洲的一些企业为提高公众形象，减少污染，率先建立起自己的环境管理方式，这就是环境管理体系的雏形。1992 年在巴西的里约热内卢召开的

"环境与发展"大会，183个国家和70多个国际组织出席了大会。会议通过了"21世纪议程"等文件，标志着在全球建立清洁生产，减少污染，谋求可持续发展的环境管理体系开始，也是ISO 14000环境管理标准得到广泛推广的基础。

国际标准化组织（简称ISO）于1993年6月成立了一个庞大的技术委员会——环境管理标准化技术委员会（简称TC207），按照ISO 9000的理念和方法，开始制定环境管理体系方面的国际标准，并很快于1996年10月1日发布了五个属于环境管理体系（EMS）和环境审核（EA）方面的国际标准，1998年又发布了一个环境管理（EM）方面的国际标准。以上六个标准统称为ISO 14000系列标准。它们是：

ISO 14001：1996环境管理体系规范及使用指南；

ISO 14004：1996环境管理体系原则、体系和支持技术指南；

ISO 14010：1996环境审核体系通用原则；

ISO 14011：1996环境审核体系审核程序环境管理体系审核；

ISO 14012：1996环境审核体系环境审核员资格要求；

ISO 14050：1998环境管理术语。

ISO 14000的目标是通过建立符合各国的环境保护法律、法规要求的国际标准，在全球范围内推广ISO 14000系列标准，达到改善全球环境质量，促进世界贸易，消除贸易壁垒的最终目标。但不包括制定污染物试验方法标准、污染物及污水极限值标准及产品标准等。该标准不仅适用于制造业和加工业，而且适用于建筑、运输、废弃物管理、维修及咨询等服务业。

目前，ISO 14000系列标准已被许多国家所采用，我国等同采用的GB/T 24000—ISO 14000环境管理系列标准已于1997年4月1日开始实施。

二、职业健康安全管理体系

为了尽快提高我国安全生产水平，保障广大劳动人民的根本利益，也为了促进国际贸易的发展，符合WTO规则的要求，国家质量监督检验检疫总局于2001年7月组织了专门起草组，借鉴ISO 9000和ISO 14000国际标准的成功经验和先进的管理思想与理论，充分考虑了目前在国际上得到广泛认可的OHSAS 18001标准的技术内容，起草了《职业健康安全管理体系规范》（GB/T 28001），并于2001年11月12日正式批准发布，2002年1月1日正式实施。

我国《职业健康安全管理体系规范》（GB/T 28001）与OHSMS 18000的内容和结构基本相同，职业健康安全管理体系标准组成包括以下内容。

1. 范围

2. 规范性引用文件

3. 术语和定义

4. 职业健康安全管理体系要素

（1）总要求。

（2）职业健康安全方针。

（3）策划。

（4）实施与运行。

（5）检查和纠正措施。

（6）管理评审。

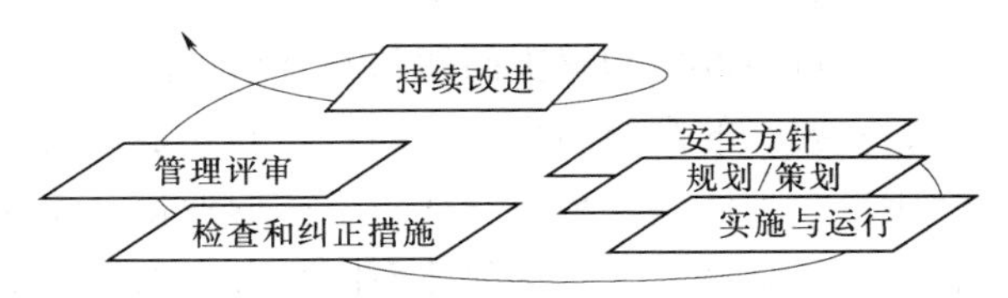

图 9-2 职业健康安全管理体系运行程序

职业健康安全管理体系的精髓在于实施有效的危险源辨识、风险评价和风险控制，其运行过程如图 9-2 所示。

职业健康安全管理体系适用于所有行业，其主要作用包括以下几点。

（1）为企业提供科学有效的职业健康安全管理体系规范和指南。

（2）推动职业健康安全法规和制度的贯彻执行。

（3）促进进一步与国际标准接轨，消除贸易壁垒和加入 WTO 后的绿色壁垒。

（4）有助于提高全民安全意识。

（5）改善作业条件，提高劳动者身心健康和安全卫生技能，大幅减少成本投入和提高工作效率，产生直接和间接的经济效益；

（6）在社会树立良好的品质、信誉和形象。因为优秀的现代企业除具备经济实力和技术能力外，还应保持强烈的社会关注力和责任感、优秀的环境保护业绩和保证职工安全与健康。

三、三种管理体系标准之间的关系

在我国，现在共有三种管理体系：GB/T 19000 质量管理体系、GB/T 24000 环境管理体系和 GB/T 28001 职业健康安全管理体系。

（一）三个体系的相同点

（1）都是自愿采用的管理标准，适用于任何类型与规模的组织。

（2）都遵循相同的管理系统原理，通过实施一套完善的系统标准，在组织内建立并保持一个完善而有效的形成文件的管理体系。

（3）通过管理体系的建立、运行和改进，对组织的相关活动、过程及其要素进行控制和优化，达到预期的方针、目标。

（4）三个体系在结构和要素等内容上存在相同和相近之处。

（5）目的均在于消除贸易壁垒，又都可以成为贸易准入条件。

（6）三个体系均在第三方认证机构认证审核的要求下，三个体系的实施均涉及认证审核、认证机构、审核员以及对认证机构及审核员的认可等内容。

（二）三个体系的不同点

（1）三个标准的目的、对象和适用范围互不相同。

（2）对三个体系的要求不同。质量体系要满足质量管理和对顾客满意的要求，环境管理体系要服从众多相关方的需求，特别是法规的要求，职业健康安全管理体系关注组织内部员工的人身权利；GB/T 19000 标准是对顾客承诺，GB/T 24000 标准是对政府、社会和众多相关方（包括股东、贷款方、保险公司等等）承诺；GB/T 28001 是对员工及社会等相关方承诺。

（3）审核准则和解决问题的侧重点不同。

（4）要素的内容不完全相同，有的要素差别较大。

质量管理体系、环境管理体系和职业健康安全管理体系既有个性又有共性，21世纪的管理趋势是将这三个管理体系同时运用在企业的日常管理中，使顾客满意、社会满意、员工满意。

思　考　题

9-1　ISO 9000系列标准由哪几部分组成？适用于哪几种情况？

9-2　质量管理体系认证的实施程序是什么？

9-3　为什么要贯彻ISO 9000标准？

附　　录

附录一　项　目　划　分

附表 1-1　　　　项　目　划　分

工程类别	单位工程	分　部　工　程	说　　明
一、拦河坝工程	（一）土质心（斜）墙土石坝	1. 地基开挖与处理	视工程量可分为数个分部工程
		△2. 地基防渗	视工程量及施工部署可分为数个分部工程
		△3. 防渗心（斜）墙	
		★4. 坝体填筑	
		5. 排水	含坝体、坝面及地基排水
		6. 上游坝面护坡	
		7. 下游坝面护坡	含马道、梯步、排水沟
		8. 坝顶	含防浪墙、栏杆、路面、灯饰等
		9. 护岸及其他	
		10. 观测设施	
	（二）均质土坝	1. 地基开挖与处理	
		△2. 地基防渗	
		★3. 坝体填筑	视工程量及施工部署可分为数个分部工程
		4. 排水	含坝体、坝面及地基排水
		5. 上游坝面护坡	
		6. 下游坝面护坡	含马道、梯步、排水沟
		7. 坝顶	含防浪墙、栏杆、路面及灯饰等
	（三）混凝土面板堆石坝	1. 地基开挖与处理	
		△2. 趾板及地基防渗	视工程量可划分为数个分部工程
		△3. 混凝土面板及接缝止水	
		4. 垫层与过渡层	
		5. 堆石体	视工程量及施工部署可划为数个分部工程
		6. 下游坝面护坡	
	（四）沥青混凝土防渗体斜（心）墙土石坝	1. 地基开挖与处理	
		△2. 地基防渗	
		△3. 沥青混凝土斜（心）墙	含反滤层
		★4. 坝体填筑	视工程量及施工部署可分为数个分部工程
		5. 排水	
		6. 上游坝面护坡	含坝体、坝面排水
		7. 下游坝面护坡	
		8. 坝顶	含马道、排水沟、梯步
		9. 护岸及其他	含防浪墙、栏杆、路面及灯饰等
		10. 观测设施	

续表

工程类别	单位工程	分 部 工 程	说 明
一、拦河坝工程	（五）复合土工膜斜（心）墙土石坝	1. 地基开挖与处理	
		2. 地基防渗	
		△3. 土工膜斜（心）墙	含垫层及过渡层
		★4. 坝体填筑	视工程量及施工部署可分为数个分部工程
		5. 排水	含坝体、坝面排水
		6. 上游坝面护坡	
		7. 下游坝面护坡	含马道、梯步、排水沟
		8. 坝顶	含防浪墙、路面、栏杆、灯饰等
		9. 护岸及其他	
		10. 观测设施	
	（六）混凝土（含碾压混凝土）重力坝	1. 地基开挖与处理	视工程量和施工部署可分为数个分部工程
		2. 地基防渗与排水	
		3. 非溢流坝段	视工程量和施工部署可分为数个分部工程
		△4. 溢流坝段	
		★5. 引水坝段	不包括坝体引水工程，含河床式电站
		6. 厂坝联结段	
		★7. 底孔坝段	
		8. 坝体接缝灌浆	
		9. 廊道及坝内交通	
		10. 坝顶	
	（七）混凝土（含碾压混凝土）拱坝	1. 地基开挖与处理	视工程量及施工部署可划分为数个分部工程
		2. 地基防渗排水	
		3. 非溢流坝段	视工程量及施工部署可划分为数个分部工程
		△4. 溢流坝段	
		★5. 底孔坝段	
		6. 坝体接缝灌浆	
		7. 廊道	
		8. 消能防冲	
		9. 坝顶	含栏杆，路面、灯饰等
		△10. 推力墩（重力墩、翼坝）	
		△11. 周边缝	
		△12. 铰座	仅限于有周边缝拱坝
		13. 金属结构及启闭机安装	仅限于铰拱坝
		14. 观测设施	
	（八）浆砌石重力坝	1. 地基开挖与处理	视工程量及施工部署可划分为数个分部工程
		2. 地基防渗与排水	
		3. 非溢流坝段	视工程量及施工部署可划分为数个分部工程
		△4. 溢流坝段	
		★5. 引水坝段	
		6. 厂坝联结段	
		★7. 底孔坝段	不包括坝体引水工程，含河床式电站
		△8. 坝面（坝体）防渗	
		9. 坝体接缝灌浆	
		10. 廊道及坝内交通	
		11. 坝顶	
		12. 消能防冲工程	含栏杆、路面、灯饰等
		13. 观测设施	大型工程可划分为数个分部工程
		14. 金属结构及启闭机安装	

续表

工程类别	单位工程	分部工程	说明
一、拦河坝工程	（九）浆砌石拱坝	1. 地基开挖与处理	视工程量及施工部署可划分为数个分部工程
		2. 地基防渗捧排水	
		3. 非溢流坝段	视工程量及施工部署可划分为数个分部工程
		△4. 溢流坝段	
		★5. 底孔坝段	
		△6. 坝面（坝体）防渗	
		7. 坝体接缝灌浆	
		8. 廊道	
		9. 消能防冲	
		10. 坝顶	含栏杆、路面、灯饰等
		△11. 推力墩（重力墩、翼坝）	
		12. 金属结构及启闭机安装	
		13. 观测设施	
二、泄洪工程	（一）溢洪道工程（含陡槽溢洪道、侧堰溢洪道、竖井溢洪道）	△1. 地基防渗及排水	
		2. 进口引水段	
		△3. 闸室段（或溢流堰）	
		4. 泄水段	视工程量可划分为数个分部工程
		5. 消能防冲段	
		6. 尾水段	
		7. 护坡及其他	
		8. 金属结构及启闭机安装	
	（二）泄洪洞（含放空洞）	△1. 进水口或竖井（土建）	
		2. 有压泄水段	视工程量可划分为数个分部工程
		3. 无压泄水段	
		△4. 工作闸门段（土建）	视工程量可划分为数个分部工程
		5. 出口消能段	
		6. 尾水段	
		7. 金属结构及启闭机安装	
三、引水工程	（一）坝体引水工程（含发电、灌溉、工业及生活取水口工程）	△1. 进水闸室段（土建）	底坎及其以上部分
		2. 引水段	
		3. 厂坝联结段	
		4. 金属结构及启闭机安装	
	（二）引水隧洞及压力管道工程	△1. 进水闸室段（土建）	
		2. 隧洞开挖与衬砌	视工程量划分为数个分部工程
		3. 调压井	
		△4. 压力管道段	
		5. 回填与固结灌浆	视工程量划分为数个分部工程
		6. 金属结构及启闭机安装	
	（三）引水渠道工程	△1. 进口闸室段（土建）	
		2. 明渠、暗渠	视工程量可分为数个分部工程
		3. 渠道主要建筑物	
		△4. 前池	
		5. 溢流堰及冲沙建筑物	
		6. 金属结构及启闭机安装	
四、发电工程	（一）地面发电厂房工程	1. 进口段	闸坝式
		2. 安装间	
		3. 主机段（土建）	每台机组段为一个分部工程
		4. 尾水段	

续表

工程类别	单位工程	分部工程	说明
四、发电工程	（一）地面发电厂房工程	5. 尾水渠	
		6. 副厂房、中控室	
		△7. 水轮发电机组安装	每台机组为一个分部工程
		8. 辅助设备安装	
		9. 电气设备安装	电气一次、电气二次可分列分部工程
		10. 通信系统	
		11. 金属结构及启闭（起重）设备安装	拦污栅、进口及尾水闸门启闭机、桥式起重机可单列分部工程
		△12. 主厂房房建工程	
		13. 厂区交通、排水及绿化	
	（二）地下发电厂房工程	1. 安装间	
		2. 主机段（土建）	每台机组段为一分部工程
		3. 尾水段	
		4. 尾水洞	
		5. 副厂房、中控室	
		6. 交通隧洞	
		7. 出线洞	
		8. 通风洞	
		△9. 水轮发电机组安装	
		10. 辅助设备安装	每台机组为一分部工程
		11. 电气设备安装	
		12. 金属结构及启闭（起重）设备安装	尾水闸门启闭机、桥式起重机可单列分部工程
		13. 通信系统	
		14. 砌体及装修工程	
	（三）坝内式发电厂房工程	△1. 进水口闸室段（土建）	
		2. 压力管道	
		3. 安装间	
		4. 主机段（土建）	每台机组段为一分部工程
		5. 尾水段	
		6. 副厂房及中控室	
		△7. 水轮发电机组安装	
		8. 辅助设备安装	每台机组为一分部工程
		9. 电气设备安装	
		10. 通信系统	
		11. 交通廊道	
		12. 金属结构及启闭（起重）设备安装	拦污栅、进口及尾水闸门启闭机、桥式起重机可单列分部工程
		13. 砌体及装修工程	
五、升压变电工程	地面升压变电站、地下升压变电站	1. 变电站（土建）	
		2. 开关站（土建）	
		3. 操作控制室	
		△4. 主变压器安装	
		5. 其他电气设备安装	
		6. 交通洞	仅限于地下升压站

续表

工程类别	单位工程	分部工程	说明
六、渠道工程	（一）进水闸	1. 进口段 △2. 闸室段（土建） 3. 泄水段 △4. 消能防冲工程 5. 沉砂设施 6. 金属结构及启闭机安装	
	（二）分水闸、节制闸、泄水闸、冲砂闸	1. 进口段 △2. 闸室段（土建） 3. 交通桥 △4. 消能防冲工程 5. 下游连接段 6. 金属结构及启闭机安装	
	（三）隧洞	1. 进口段 △2. 洞身段 △3. 隧洞灌浆 4. 出口段	洞身段含洞身开挖与衬砌，可视工程量按桩号分为数个分部工程
	（四）渡槽	1. 基础工程 2. 进出口段 △3. 槽身 △4. 支承结构	视工程量分为数个分部工程
	（五）公路桥或机耕桥		人行桥列入相应明渠分部工程
	（六）倒虹吸管道工程（指规模较大的倒虹管道工程）	1. 进口段 △2. 管道段 3. 出口段 4. 金属结构及启闭机安装	视工程量分为数个分部工程
	（七）涵洞（指与铁路、公路及河流交叉的大型涵洞）	1. 进口段 △2. 洞身 3. 出口	视工程量分为数个分部工程
	（八）干渠或支渠	1. 明渠 2. 陡坡、跌水 3. 暗渠 4. 沿渠小型建筑物 5. 沿渠公路	视工程量分为数个分部工程
	（九）管理房屋[指管理站（点）的生活及生产用房、不含闸房]		闸房列入闸室分部工程
七、堤防工程	（一）堤身工程	1. 堤基处理工程 △2. 堤身填（浇、砌）筑工程（包括土堤填筑工程、混凝土堤浇筑工程、浆砌石堤砌筑工程及混合堤工程）	视工程量及长度可划分为数个分部工程，混合堤可按不同工种划分分部工程

续表

工程类别	单位工程	分部工程	说明
七、堤防工程	（二）堤岸防护工程	△1. 坡式护岸工程 2. 墙式护岸工程 3. 其他防护工程	
	（三）交叉、联结建筑工程（包括涵闸、公路桥及其他跨河工程）	参照渠道工程（一）、（二）、（三）、（五）、（六）、（七）、（八）划分分部工程	如建筑物工程量不大，可以单个建筑物为分部工程
	（四）管理设施工程	△1. 观测设施 2. 交通工程 3. 通信工程 4. 生产和生活设施工程	

注 表中加“△”者为主要分部工程；加“★”者可定为主要分部工程，也可定为一般分部工程，视实际情况决定。

附录二　单元工程质量评定表

附表 2－1　　混凝土单元工程质量评定表（有工序）

<table>
<tr><td colspan="2">单位工程名称</td><td></td><td>单元工程量</td><td></td></tr>
<tr><td colspan="2">分部工程名称</td><td></td><td>施工单位</td><td></td></tr>
<tr><td colspan="2">单元工程名称、部位</td><td></td><td>评定日期</td><td>年　月　日</td></tr>
<tr><td>项次</td><td colspan="2">工序名称</td><td colspan="2">工序质量等级</td></tr>
<tr><td>1</td><td colspan="2">基础面或混凝土施工缝处理</td><td colspan="2"></td></tr>
<tr><td>2</td><td colspan="2">模板</td><td colspan="2"></td></tr>
<tr><td>3</td><td colspan="2">△钢筋</td><td colspan="2"></td></tr>
<tr><td>4</td><td colspan="2">止水、伸缩缝和排水管安装</td><td colspan="2"></td></tr>
<tr><td>5</td><td colspan="2">△混凝土浇筑</td><td colspan="2"></td></tr>
<tr><td colspan="4">评定意见</td><td>单元工程质量等级</td></tr>
<tr><td colspan="4">工序质量全部合格，主要工序——钢筋、混凝土浇筑两工序质量，工序质量优良率为　　%</td><td></td></tr>
<tr><td>施工单位</td><td>年　月　日</td><td>建设（监理）单位</td><td colspan="2">年　月　日</td></tr>
</table>

附表 2-2　　　　混凝土单元工程质量评定表（例表）

<table>
<tr><td colspan="2">单位工程名称</td><td>混凝土大坝</td><td>单元工程量</td><td>混凝土 788m³</td></tr>
<tr><td colspan="2">分部工程名称</td><td>溢流坝段</td><td>施工单位</td><td>×××水利水电第二工程局</td></tr>
<tr><td colspan="2">单元工程名称、部位</td><td>5 号坝段，V2.5～V4.0m</td><td>评定日期</td><td>×年×月×日</td></tr>
<tr><td>项次</td><td colspan="2">工　序　名　称</td><td colspan="2">工　序　质　量　等　级</td></tr>
<tr><td>1</td><td colspan="2">基础面或混凝土施工缝处理</td><td colspan="2">优良</td></tr>
<tr><td>2</td><td colspan="2">模板</td><td colspan="2">合格</td></tr>
<tr><td>3</td><td colspan="2">△钢筋</td><td colspan="2">优良</td></tr>
<tr><td>4</td><td colspan="2">止水、伸缩缝和排水管安装</td><td colspan="2">合格</td></tr>
<tr><td>5</td><td colspan="2">△混凝土浇筑</td><td colspan="2">优良</td></tr>
<tr><td colspan="4">评　定　意　见</td><td>单元工程质量等级</td></tr>
<tr><td colspan="4">工序质量全部合格，主要工序——钢筋、混凝土浇筑两工序质量优良，工序质量优良率为 60.0%</td><td>优良</td></tr>
<tr><td>施工单位</td><td colspan="2">×××
×年×月×日</td><td>建设（监理）单位</td><td>×××
×年×月×日</td></tr>
</table>

附表 2-3　　　　岩石边坡开挖单元工程质量评定表（无工序）

<table>
<tr><td colspan="3">单位工程名称</td><td colspan="3"></td><td>单元工程量</td><td colspan="2"></td></tr>
<tr><td colspan="3">分部工程名称</td><td colspan="3"></td><td>施工单位</td><td colspan="2"></td></tr>
<tr><td colspan="3">单元工程名称、部位</td><td colspan="3"></td><td>检验日期</td><td colspan="2">年　月　日</td></tr>
<tr><td>项次</td><td colspan="2">检 查 项 目</td><td colspan="4">质　量　标　准</td><td colspan="2">检 验 记 录</td></tr>
<tr><td>1</td><td colspan="2">△保护层开挖</td><td colspan="4">浅孔、密孔、少药量、火炮爆破</td><td colspan="2"></td></tr>
<tr><td>2</td><td colspan="2">△平均坡度</td><td colspan="4">小于或等于设计坡度</td><td colspan="2"></td></tr>
<tr><td>3</td><td colspan="2">开挖坡面</td><td colspan="4">稳定、无松动岩块</td><td colspan="2"></td></tr>
<tr><td>项次</td><td colspan="2">检　测　项　目</td><td>设计值</td><td>允许偏差（cm）</td><td colspan="2">实 测 值</td><td>合格数（点）</td><td>合格率（%）</td></tr>
<tr><td>1</td><td colspan="2">坡脚标高</td><td></td><td>+20
−10</td><td colspan="2"></td><td></td><td></td></tr>
<tr><td>2</td><td rowspan="2">坡面局部超欠挖</td><td>斜长不大于 15m</td><td></td><td>+30
−20</td><td colspan="2"></td><td></td><td></td></tr>
<tr><td>3</td><td>斜长大于 15m</td><td></td><td>+50
−30</td><td colspan="2"></td><td></td><td></td></tr>
<tr><td colspan="2">检测结果</td><td colspan="7">共检测　点，其中合格　点，合格率　%</td></tr>
<tr><td colspan="7">评　定　意　见</td><td colspan="2">单元工程质量等级</td></tr>
<tr><td colspan="7">主要检查项目全部符合质量标准。一般检查项目　质量标准。检测项目实测点合格率　%</td><td colspan="2"></td></tr>
<tr><td>施工单位</td><td colspan="4">年　月　日</td><td colspan="2">建设（监理）单位</td><td colspan="2">年　月　日</td></tr>
</table>

附表 2－4　　岩石边坡开挖单元工程质量评定表（例表）

<table>
<tr><td colspan="3">单位工程名称</td><td colspan="2">混凝土大坝</td><td>单元工程量</td><td colspan="2">1117m^3，423m^2</td></tr>
<tr><td colspan="3">分部工程名称</td><td colspan="2">溢流坝段</td><td>施工单位</td><td colspan="2">×××水利水电第二工程局</td></tr>
<tr><td colspan="3">单元工程名称、部位</td><td colspan="2">5号坝段边坡开挖</td><td>检验日期</td><td colspan="2">×年×月×日</td></tr>
<tr><td>项次</td><td colspan="2">检 查 项 目</td><td colspan="3">质 量 标 准</td><td colspan="2">检 验 记 录</td></tr>
<tr><td>1</td><td colspan="2">△保护层开挖</td><td colspan="3">浅孔、密孔、少药量、火炮爆破</td><td colspan="2">（见附页）</td></tr>
<tr><td>2</td><td colspan="2">△平均坡度</td><td colspan="3">小于或等于设计坡度（设计边坡1∶0.5）</td><td colspan="2">抽查6个断面，坡度为
1∶0.52～1∶0.76</td></tr>
<tr><td>3</td><td colspan="2">开挖坡面</td><td colspan="3">稳定、无松动岩块</td><td colspan="2">坡面稳定，无松动岩块</td></tr>
<tr><td>项次</td><td colspan="2">检 测 项 目</td><td>设计值</td><td>允许偏差
（cm）</td><td>实 测 值
（单位：项次1m，项次2cm）</td><td>合格数
（点）</td><td>合格率
（%）</td></tr>
<tr><td>1</td><td colspan="2">坡脚标高</td><td>－10m</td><td>＋20
－10</td><td>－10.05　－9.95　－10.00　－10.11
－10.17　－9.90　－10.18　－10.01
－9.86　－10.12　－10.13　－9.93</td><td>11</td><td>91.6</td></tr>
<tr><td>2</td><td rowspan="2">坡面
局部
超欠挖</td><td>斜长
不大于15m</td><td></td><td>＋30
－20</td><td>＋7，＋16，＋3，－15，－2
＋8，－10，－23，＋11，＋5
－12，－5，－4，＋21</td><td>13</td><td>92.9</td></tr>
<tr><td>3</td><td>斜长
大于15m</td><td></td><td>＋50
－30</td><td>—</td><td></td><td></td></tr>
<tr><td colspan="3">检测结果</td><td colspan="5">共检测26点，其中合格24点，合格率92.3%</td></tr>
<tr><td colspan="6">评　定　意　见</td><td colspan="2">单元工程质量等级</td></tr>
<tr><td colspan="6">主要检查项目全部符合质量标准。一般检查项目符合质量标准。检测项目实测点合格率92.3%</td><td colspan="2">优良</td></tr>
<tr><td>施工
单位</td><td colspan="3">×××
×年×月×日</td><td colspan="2">建设（监理）
单位</td><td colspan="2">×××
×年×月×日</td></tr>
</table>

附表 2-5　　造孔灌注桩基础单元工程质量评定表

单位工程名称		单元工程量	
分部工程名称		施工单位	
单元工程名称、部位		检验日期	年　月　日

项次	检查项目		质量标准	各孔检测结果							
				1	2	3	4	5	6	7	8
1	钻孔	孔位偏差	单桩、条形桩基沿垂直轴线方向和群桩基础边桩的偏差小于1/6桩设计直径，其他部位桩的偏差小于1/4桩径								
2		孔径偏差	＋10cm　－5cm								
3		△孔斜率	＜1%								
4		△孔深	不得小于设计孔深								
5	清孔	△孔底淤积厚度	端承桩小于等于10cm；摩擦桩小于等于30cm								
6		孔内浆液密度	循环1.15～1.25g/cm³，原孔造浆1.1g/cm³左右								
7	混凝土浇筑	导管埋深	埋深大于1m，不大于6m								
8		钢筋笼安放	符合设计要求								
9		△混凝土上升速度	≥2m/h或符合设计要求								
10		混凝土坍落度	18～22cm								
11		混凝土扩散度	34～38cm								
12		浇筑最终高度	符合设计要求								
13		△施工记录、图表	齐全、准确、清晰								
各孔质量评定											

本单元工程内共有　　孔，其中优良　　孔，优良率　　%	
混凝土质量指标和桩的载荷测试	说明情况和测试成果
评　定　意　见	单元工程质量等级
单元工程内，各灌注桩全部达合格标准，其中优良桩有　　%，混凝土抗压强度保证率为　　%	

施工单位	年　月　日	建设（监理）单位	年　月　日

附表 2-6　　　　造孔灌注桩基础单元工程质量评定表（例表）

单位工程名称			抽水站	单元工程量				桩其长度 180m，混凝土 141m³			
分部工程名称			进水口段排桩	施工单位				×××水利水电第三工程局			
单元工程名称、部位			90 号～881 号	检验日期				×年×月×日			
项次	检查项目		质量标准	各孔检测结果							
				1	2	3	4	5	6	7	8
1	钻孔	孔位偏差	单桩、条形桩基沿垂直轴线方向和群桩基础边桩的偏差小于 1/6 桩设计直径，其他部位桩的偏差小于 1/4 桩径	√	√	√	√	√	√	√	√
2		孔径偏差	+10cm　-5cm	√	√	√	√	√	√	√	√
3		△孔斜率	<1%	√	√	√	√	√	√	√	√
4		△孔深	不得小于设计孔深（10m）	√	√	√	√	√	√	√	√
5	清孔	△孔底淤积厚度	端承桩不大于 10cm；摩擦桩不大于 30cm	√	√	√	√	√	√	√	√
6		孔内浆液密度	循环 1.15～1.25g/cm³，原孔造浆 1.1 g/cm³ 左右	√	√	√	√	√	√	√	√
7	混凝土浇筑	导管埋深	埋深大于 1m，不大于 6m	√	√	√	√	√	√	√	√
8		钢筋笼安放	符合设计要求（见附页）	√	√	√	√	√	√	√	0
9		△混凝土上升速度	≥2m/h 或符合设计要求	√	√	√	√	√	√	√	√
10		混凝土坍落度	18～22cm	√	√	√	√	√	√	√	√
11		混凝土扩散度	34～38cm	√	√	√	√	√	√	√	√
12		浇筑最终高度	符合设计要求（见附页）	√	√	√	√	√	√	√	√
13		△施工记录、图表	齐全、准确、清晰	√	√	√	√	√	√	√	√
各孔质量评定				√	√	√	√	√	√	√	0
本单元工程内共有 10 孔，其中优良 9 孔，优良率 90.0%											
混凝土质量指标和桩的载荷测试			说明情况和测试成果混凝土设计标号 C25，混凝土强度为 27.1～32.6MPa，强度保证率 96.3%，C_v=0.126								
评　定　意　见								单元工程质量等级			
单元工程内，各灌注桩全部达合格标准，其中优良桩有 90.0%，混凝土抗压强度保证率为 96.3%								优良			
施工单位	××× ×年×月×日			建设（监理）单位				××× ×年×月×日			

附录三　重要隐蔽单元工程（关键部位单元工程）质量等级签证表

重要隐蔽单元工程（关键部位单元工程）质量等级签证表

<table>
<tr><td colspan="2">单位工程名称</td><td colspan="2"></td><td>单元工程量</td><td></td></tr>
<tr><td colspan="2">分部工程名称</td><td colspan="2"></td><td>施工单位</td><td></td></tr>
<tr><td colspan="2">单元工程名称、部位</td><td colspan="2"></td><td>自评日期</td><td>年　月　日</td></tr>
<tr><td colspan="2">施工单位
自评意见</td><td colspan="4">1. 自评意见：
2. 自评质量等级：
终检人员　　（签名）</td></tr>
<tr><td colspan="2">监理单位
抽查意见</td><td colspan="4">抽查意见：
监理工程师　　（签名）</td></tr>
<tr><td colspan="2">联合小组
核定意见</td><td colspan="4">1. 核定意见：
2. 质量等级：
年　月　日</td></tr>
<tr><td colspan="2">保留意见</td><td colspan="4">签名</td></tr>
<tr><td colspan="2">备查资料
清单</td><td colspan="4">1）地质编录 □
2）测量成果 □
3）检测试验报告（岩心试验、软基承载力试验、结构强度等） □
4）影像资料 □
5）其他（　　　　） □</td></tr>
<tr><td rowspan="6">联
合
小
组
成
员</td><td colspan="3">单位名称</td><td>职务、职称</td><td>签名</td></tr>
<tr><td>项目法人</td><td colspan="2"></td><td></td><td></td></tr>
<tr><td>监理单位</td><td colspan="2"></td><td></td><td></td></tr>
<tr><td>设计单位</td><td colspan="2"></td><td></td><td></td></tr>
<tr><td>施工单位</td><td colspan="2"></td><td></td><td></td></tr>
<tr><td>运行管理</td><td colspan="2"></td><td></td><td></td></tr>
</table>

注　重要隐蔽单元工程验收时，设计单位应同时派地质工程师参加。备查资料清单中凡涉及到的项目应在“□”内打“√”，如有其他资料应在括号内注明资料的名称。

附录四　分部工程施工质量评定表

分部工程施工质量评定表

<table>
<tr><td colspan="2">单位工程名称</td><td colspan="2"></td><td>施工单位</td><td colspan="2"></td></tr>
<tr><td colspan="2">分部工程名称</td><td colspan="2"></td><td>施工日期</td><td colspan="2">自　　年　月　日至　　年　月　日</td></tr>
<tr><td colspan="2">分部工程量</td><td colspan="2"></td><td>评定日期</td><td colspan="2">年　月　日</td></tr>
<tr><td>项次</td><td>单元工程类别</td><td>工程量</td><td>单元工程个数</td><td>合格个数</td><td>其中优良个数</td><td>备注</td></tr>
<tr><td>1</td><td></td><td></td><td></td><td></td><td></td><td></td></tr>
<tr><td>2</td><td></td><td></td><td></td><td></td><td></td><td></td></tr>
<tr><td>3</td><td></td><td></td><td></td><td></td><td></td><td></td></tr>
<tr><td>4</td><td></td><td></td><td></td><td></td><td></td><td></td></tr>
<tr><td>5</td><td></td><td></td><td></td><td></td><td></td><td></td></tr>
<tr><td>6</td><td></td><td></td><td></td><td></td><td></td><td></td></tr>
<tr><td colspan="2">合计</td><td></td><td></td><td></td><td></td><td></td></tr>
<tr><td colspan="2">重要隐蔽单元工程、关键部位单元工程</td><td></td><td colspan="2"></td><td></td><td></td></tr>
<tr><td colspan="4">施工单位自评意见</td><td colspan="2">监理单位复核意见</td><td>项目法人认定意见</td></tr>
<tr><td colspan="4">本分部工程的单元工程质量全部合格，优良率为　％，主要单元工程、重要隐蔽工程及关键部位单元工程　个，优良率为　％。原材料质量　，中间产品质量　，金属结构及启闭机制造质量　，机电产品质量　。质量事故及质量缺陷处理情况：
分部工程质量等级：
评定人：
项目技术负责人：　（盖公章）

年　月　日</td><td colspan="2">复核意见：
分部工程质量等级：
监理工程师：

年　月　日
总监或副总监：

（盖公章）

年　月　日</td><td>审查意见：
分部工程质量等级：
现场代表：

年　月　日
技术负责人：

（盖公章）

年　月　日</td></tr>
<tr><td colspan="2">工程质量监督机构</td><td colspan="5">核定（备）意见：

核定等级：　　核定（备）人：（签名）　　　　机构负责人：（签名）

年　月　日　　　　　　　　年　月　日</td></tr>
</table>

注　分部工程验收的质量结论，由项目法人报工程质量监督机构核备。大型枢纽工程主要建筑物的分部工程验收的质量结论，由项目法人报工程质量监督机构核定。

附录五　单位工程施工质量评定表

单位工程施工质量评定表

<table>
<tr><td colspan="2">工程项目名称</td><td colspan="2"></td><td>施工单位</td><td colspan="3"></td></tr>
<tr><td colspan="2">单位工程名称</td><td colspan="2"></td><td>施工日期</td><td colspan="3">自　　年　月　日至　　年　月　日</td></tr>
<tr><td colspan="2">单位工程量</td><td colspan="2"></td><td>评定日期</td><td colspan="3">年　月　日</td></tr>
<tr><td rowspan="2">序号</td><td rowspan="2">分部工程名称</td><td colspan="2">质量等级</td><td rowspan="2">序号</td><td rowspan="2">分部工程名称</td><td colspan="2">质量等级</td></tr>
<tr><td>合格</td><td>优良</td><td>合格</td><td>优良</td></tr>
<tr><td>1</td><td></td><td></td><td></td><td>8</td><td></td><td></td><td></td></tr>
<tr><td>2</td><td></td><td></td><td></td><td>9</td><td></td><td></td><td></td></tr>
<tr><td>3</td><td></td><td></td><td></td><td>10</td><td></td><td></td><td></td></tr>
<tr><td>4</td><td></td><td></td><td></td><td>11</td><td></td><td></td><td></td></tr>
<tr><td>5</td><td></td><td></td><td></td><td>12</td><td></td><td></td><td></td></tr>
<tr><td>6</td><td></td><td></td><td></td><td>13</td><td></td><td></td><td></td></tr>
<tr><td>7</td><td></td><td></td><td></td><td>14</td><td></td><td></td><td></td></tr>
<tr><td colspan="8">分部工程共　　个，全部合格，其中优良　　个，优良率　　%，主要分部工程优良率　　%。</td></tr>
<tr><td colspan="2">外观质量</td><td colspan="6">应得　　分，实得　　分，得分率　　%</td></tr>
<tr><td colspan="2">施工质量检验资料</td><td colspan="6"></td></tr>
<tr><td colspan="2">质量事故处理情况</td><td colspan="6"></td></tr>
<tr><td colspan="2">施工单位自评等级：
评定人：
项目经理：
（公章）
年　月　日</td><td colspan="2">监理单位复核等级：
复核人：
总监或副总监：
（公章）
年　月　日</td><td colspan="2">项目法人认定等级：
复核人：
单位负责人：
（公章）
年　月　日</td><td colspan="2">工程质量监督机构核定等级：
核定人：
机构负责人：
（公章）
年　月　日</td></tr>
</table>

附录六　工程项目施工质量评定

工程项目施工质量评定

<table>
<tr><td colspan="2">工程项目名称</td><td colspan="4"></td><td colspan="2">项目法人</td><td colspan="2"></td></tr>
<tr><td colspan="2">工程等级</td><td colspan="4"></td><td colspan="2">设计单位</td><td colspan="2"></td></tr>
<tr><td colspan="2">建设地点</td><td colspan="4"></td><td colspan="2">监理单位</td><td colspan="2"></td></tr>
<tr><td colspan="2">主要工程量</td><td colspan="4"></td><td colspan="2">施工单位</td><td colspan="2"></td></tr>
<tr><td colspan="2">开工、竣工日期</td><td colspan="4">自　年　月　日至　年　月　日</td><td colspan="2">评定日期</td><td colspan="2">年　月　日</td></tr>
<tr><td rowspan="2">序号</td><td rowspan="2">单位工程名称</td><td colspan="3">单元工程质量统计</td><td colspan="3">分部工程质量统计</td><td rowspan="2">单位工程等级</td><td rowspan="2">备注</td></tr>
<tr><td>个数（个）</td><td>其中优良（个）</td><td>优良率（%）</td><td>个数（个）</td><td>其中优良（个）</td><td>优良率（%）</td></tr>
<tr><td>1</td><td></td><td></td><td></td><td></td><td></td><td></td><td></td><td></td><td rowspan="15">加△者为主要单位工程</td></tr>
<tr><td>2</td><td></td><td></td><td></td><td></td><td></td><td></td><td></td><td></td></tr>
<tr><td>3</td><td></td><td></td><td></td><td></td><td></td><td></td><td></td><td></td></tr>
<tr><td>4</td><td></td><td></td><td></td><td></td><td></td><td></td><td></td><td></td></tr>
<tr><td>5</td><td></td><td></td><td></td><td></td><td></td><td></td><td></td><td></td></tr>
<tr><td>6</td><td></td><td></td><td></td><td></td><td></td><td></td><td></td><td></td></tr>
<tr><td>7</td><td></td><td></td><td></td><td></td><td></td><td></td><td></td><td></td></tr>
<tr><td>8</td><td></td><td></td><td></td><td></td><td></td><td></td><td></td><td></td></tr>
<tr><td>9</td><td></td><td></td><td></td><td></td><td></td><td></td><td></td><td></td></tr>
<tr><td>10</td><td></td><td></td><td></td><td></td><td></td><td></td><td></td><td></td></tr>
<tr><td>11</td><td></td><td></td><td></td><td></td><td></td><td></td><td></td><td></td></tr>
<tr><td>12</td><td></td><td></td><td></td><td></td><td></td><td></td><td></td><td></td></tr>
<tr><td>13</td><td></td><td></td><td></td><td></td><td></td><td></td><td></td><td></td></tr>
<tr><td>14</td><td></td><td></td><td></td><td></td><td></td><td></td><td></td><td></td></tr>
<tr><td>15</td><td></td><td></td><td></td><td></td><td></td><td></td><td></td><td></td></tr>
<tr><td colspan="2">单元工程、分部工程合计</td><td></td><td></td><td></td><td></td><td></td><td></td><td></td><td></td></tr>
<tr><td colspan="3">评定结果</td><td colspan="7">本项目单位工程　　个，质量全部合格。其中优良工程　　个，优良率　%，主要单位工程优良率　%。</td></tr>
<tr><td colspan="3">监理单位意见</td><td colspan="3">项目法人意见</td><td colspan="4">工程质量监督机构核定意见</td></tr>
<tr><td colspan="3">工程项目质量等级：
总监理工程师：
监理单位：（公章）
年　月　日</td><td colspan="3">工程项目质量等级：
法定代表人：
项目法人：（公章）
年　月　日</td><td colspan="4">工程项目质量等级：
负责人：
质量监督机构：（公章）
年　月　日</td></tr>
</table>

参 考 文 献

[1] 管振祥，腾文彦．工程项目质量管理与安全．北京：中国建材出版社，2001.

[2] 中国建设监理协会．建设工程进度控制．北京：中国建筑工业出版社，2000.

[3] 丰景春．建设项目质量控制．北京：中国水利水电出版社，1998.

[4] 全国质量管理和质量保证标准化技术委员会秘书处，中国质量体系认证机构国家认可委员会秘书处．2000版质量管理体系国家标准理解与实施．北京：中国标准出版社，2000.

[5] 水利工程建设项目验收管理规定．2006年中华人民共和国水利部令第30号.

[6] SL 176—2007 水利水电工程施工质量检验与评定规程.

[7] 建设工程质量管理条例．2000年中华人民共和国国务院令第279号.

[8] 水利工程质量管理规定．1997年水利部令第7号.

[9] 水利部水利工程质量事故处理暂行规定．1999年水利部令第9号.

[10] 建设工程安全生产管理条例．2003年中华人民共和国国务院令第393号.

[11] 水利水电工程标准施工招标文件．2009年版.